AF489941

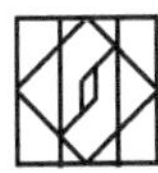

c o l e c c i ó n
VIAJE AL CENTRO DE LA CIENCIA

ADN
Editores, S.A. de C.V.

Colección dirigida por
Juan Tonda

Diseño: Arroyo + Cerda
Ilustraciones interiores: Aline Darjo y Myriam Núñez

Primera edición, 1999
Primera reimpresión, 2004
Segunda reimpresión, 2021

La primera edición se coeditó con la Dirección
General de Publicaciones del Consejo
Nacional para la Cultura y las Artes

ISBN 978-968-6849-32-5

Nemesio Chávez Arredondo

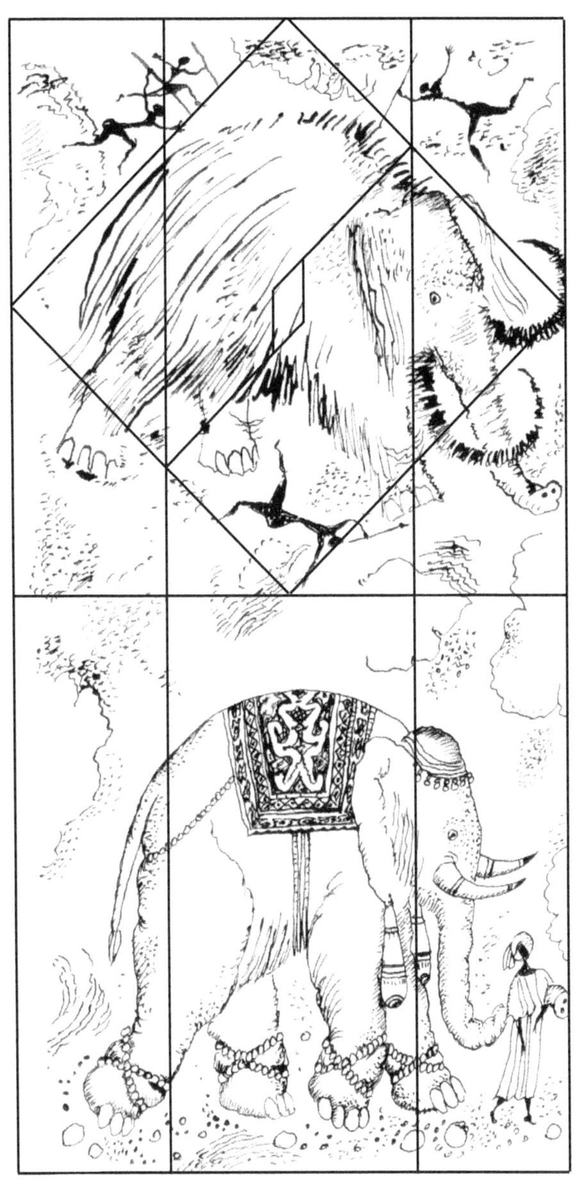

Evolución: el río de la vida

Para Carolina, mi madre y espejo de mi vida,
para Carlos, mi padre,
para Laura, Patricia, Juan José, Fernando y Carlos.
Para nuestros hijos.
Para los hijos de nuestros hijos.

Índice

Con estas letras quiero celebrar que Miguel Ángel Cevallos Gaos, Renato Gómez Herrera y Silvia Oropeza, me hayan compartido su tiempo, sus ojos, su cerebro y su corazón para construir esta quimera.

Obertura

Todo cambia. Nunca nada está en el mismo sitio. Lo que soy ahora no lo fui ayer ni lo seré mañana. Nada ni nadie puede situarse fuera de las aguas del río de la transformación, ni lo vivo ni lo no vivo. Desde que todo se inició, desde que el Universo comenzó a ser, todo ha estado en constante movimiento, todo ha ido cambiando.

A este comportamiento general del Universo se le conoce como *evolución*. Evolucionan las galaxias, las estrellas, los planetas, la Tierra... la vida. Aquí, nuestro interés especial es la evolución de la vida.

La evolución es un fenómeno simple y a la vez complejo. Sus consecuencias son visibles hacia todas direcciones, pero nos resulta imposible mirar el proceso o percibir sus mecanismos.

Son numerosos los componentes, factores, elementos y actores que intervienen en la puesta en escena de la evolución.

En las líneas que siguen intentaremos escapar de la corriente del río, situarnos en la orilla para mirar sus aguas y sumergir las manos en la humedad de su misterio. Trataremos de mirar la vida desde fuera para observar los detalles que constituyen su transformación.

El primer ingrediente, el silencioso director de orquesta, el latido alrededor del cual se teje la trama de la evolución, es el tiempo.

N.Ch.A.

El agua del río

Cada elemento de las moléculas que componen todo mi cuerpo, cada brizna del polvo
cósmico con el que estoy construido, tuvo que brotar
del corazón de alguna estrella. A eso regresaré.

 Empezaremos con lo más general: el tiempo.

Cuando somos niños nos parece que el tiempo camina despacio. Las tardes plenas de juego suelen ser interminables. Es inmenso el mar entre una y la siguiente navidad. Pero luego el tiempo cobra velocidad poco a poco. A medida que crecemos, sentimos que el tiempo se desliza cada vez más rápido. Con el tiempo, el tiempo se toma menos tiempo. ¿Con qué sentimos el tiempo?

Para percibir la luz, y la serie infinita de imágenes que con su pincel dibuja, contamos con un órgano, un sentido y un fenómeno: la vista.

Para hacer llegar hasta nuestra conciencia los sonidos, y construir ahí palabras, silencios y melodías, disponemos también de un órgano, un sentido y un fenómeno: el oído. Si hemos de sentir el calor, la dureza o la tersura de la vida podremos fiarnos al tacto.

Pero no tenemos un órgano para sentir el tiempo. En un solo momento no nos es posible sentir variaciones en el tiempo, como podemos percibir variaciones en la luz, en los sonidos, en las texturas, en los sabores. Para nuestra experiencia individual e instantánea, el tiempo no tiene variaciones ni discontinuidades. A nuestros ojos, y a todo nuestro cuerpo, en general y en lo inmediato, el tiempo transcurre de manera tan suave y homogénea que parece quieto.

Al tiempo lo sentimos sólo después de que ha pasado algo de tiempo. Como acumulación de acontecimientos, como recopilación de lo que va pasando. ¿Hace cuánto hice lo último que hice?; seguramente hace unos pocos minutos, e incluso en ese lapso algo tuve que estar haciendo. Porque, aunque se pierda el tiempo, ¿cuándo se deja de hacer algo?

El único periodo de tiempo que percibo y recuerdo con cierta claridad es el de mi propia existencia, y, aunque han sucedido tantas cosas en ese lapso, resulta insignificante junto a todo lo ocurrido antes.

Hace cinco años nacieron mis hijos. Es un recuerdo joven y poderoso.

Veinte veces eso, hace menos de cien años, nacieron las personas que me engendraron, y ya resulta difícil querer hacer viajar la imaginación hasta aquel momento.

Multiplico por cinco esa cantidad y, hace quinientos años, en el valle donde vivo, había lagos, plantas y animales de los que nada queda. En medio milenio transformamos completamente el paisaje.

Diez veces esa cantidad de años, hace cinco mil, los seres humanos trataban apenas de ponerse de acuerdo en torno a ideas y empresas que les permitieran convivir y organizarse en grandes grupos y sociedades, lo que daría origen después a estados, naciones y países.

Hace cien veces esos cinco mil años, seres cada vez más parecidos a los humanos luchaban por sobrevivir ante una naturaleza que para entonces resultaba mucho más hostil.

Si ese aproximado medio millón de años lo multiplicamos por cien, casi llegaremos a la fecha en que finalizó la era de los dinosaurios, que por cierto duró el abismo de tiempo que ya hemos recorrido hacia atrás, pero multiplicado aproximadamente unas tres veces.

La suma acumulada, doscientos millones de años, pero multiplicados por veinte, nos sitúan aproximadamente en el momento en que surgió la vida en este planeta, porque, por supuesto, ha pasado tanto que la vida ha tenido tiempo suficiente primero para no estar, luego para inventarse y posteriormente para desarrollarse.

Agregando otros mil millones de años a esos cuatro mil millones velozmente revisados, tendremos la edad de la Tierra. Antes de eso, nuestro planeta no se había siquiera formado. Tres veces esa cantidad, hace unos quince mil millones de años, el Universo, es decir toda la materia y la energía, y las reglas universales que rigen su comportamiento, comenzaron apenas a existir.

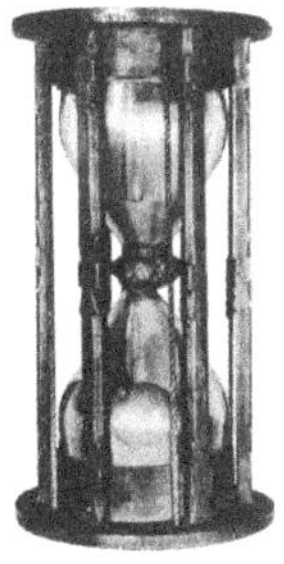

Y también entonces comenzó el tiempo, porque, hasta donde sabemos, todo lo que existe tuvo en algún momento que comenzar a existir, incluso el tiempo mismo. Antes del comienzo, todo se encontraba perfectamente entremezclado en una semilla de dimensiones infinitesimales, un punto de una pequeñez inconcebible. Puesto que en ese minúsculo punto tendría que estar todo lo que después constituiría los diversos componentes del Universo, su densidad tendría que ser, también, inimaginablemente alta.

Llegado el momento, hace alrededor de esos quince mil millones de años que mencionábamos, la semilla explotó, con una fuerza tan colosal que podemos seguir apreciando sus efectos. De hecho vamos montados en las esquirlas arrojadas por esa explosión. La historia del Universo, de la vida, de nuestro pensamiento, ha ocurrido ahí, dentro de la explosión. Y precisamente a través del análisis de sus efectos es como ha podido proponerse su existencia. El hecho concreto que se ha observado es que todos los objetos astronómicos (estrellas, galaxias, polvo cósmico, cúmulos de galaxias, etcétera) se alejan permanentemente unos de otros. Entonces se llega a la conclusión de que en algún momento estuvo todo íntimamente unido.

Antes de la explosión no había nada. No había tiempo, ni un antes ni un después. No había espacio, ni un adentro ni un afuera desde el cual pudiera observarse la explosión. No había materia como la conocemos pues se encontraba perfectamente acoplada con la energía, constituían una misma sustancia.

Con la explosión se formaron el tiempo y el espacio.

Los primeros momentos de la explosión estuvieron caracterizados por una veloz sucesión de fenómenos microfísicos de gran importancia. Se desacopló la materia de la energía. Se fundaron las bases para la formación de las partículas subatómicas que desembocarían, a su vez, en la síntesis del más pequeño, sencillo y abundante de todos los elementos químicos: el hidrógeno.

Grandes acumulaciones de hidrógeno dieron origen a las estrellas. Nuestro Sol, la estrella con cuyo calor se ha horneado la vida en nuestro planeta, es una gran masa de hidrógeno que, mediante un proceso de fusión nuclear, se transforma paulatinamente en helio. Esto tiene el efecto de liberar energía radiante en cantidad suficiente para propiciar y mantener la vida en la Tierra.

Dependiendo de la etapa de su vida en que se halle una estrella (porque, como todo, una estrella nace, vive, se desarrolla y muere), dará origen en su interior a elementos químicos más grandes, más pesados y menos abundantes que el hidrógeno. También, llegada la circunstancia, los nuevos elementos son arrojados al espacio y abonan el terreno para otras estructuras. Estos otros elementos resultarán indispensables para formar todos los compuestos químicos que, a fin de cuentas, toca-rán algún instrumento en la compleja sinfonía de la vida.

Da vértigo pensar que cada elemento de las moléculas que componen todo mi cuerpo, cada brizna del polvo cósmico con el que estoy construido, tuvo que brotar del corazón de alguna estrella. A eso regre-saré. En esa Gran Explosión comenzó a fluir el río del tiempo.

Nada hay en nuestro organismo, en nuestra fisiología, que nos permita percibir, sentir o entender los abismos de tiempo que se han requerido para que sucediera todo lo que ha sucedido desde el origen del Universo. Nos acercamos a ellos intelectualmente, a través de metáforas, de manera teórica, con comparaciones.

Una vida humana puede aspirar a durar, cuando mucho, una ciento-cincuenta-millonésima parte de la edad del Universo, o una cuarenta-millonésima parte de lo que ha durado la vida en el planeta.

Del tiempo sólo podemos reconocer que es inexorable y que tiene un límite en la propia muerte. Para la experiencia individual, el tiempo termina con la muerte.

Para entender el concepto de evolución es necesario saber de la existencia de estos inmensos periodos de tiempo. Para que la evolución como proceso pudiera ocurrir se requirió mucho tiempo; tiempo para que se generaran cambios, para que se acumularan, para ensayar, probar, errar y volver a intentar.

En su periodo de vida un individuo puede experimentar grandes acontecimientos sociales y naturales: guerras, terremotos y erupciones. Pero en general el mundo le parecerá más o menos estático, sin grandes cambios. No está capacitado para mirar directamente los cambios, carece de herramienta alguna para entender la profundidad del tiempo lejano. Esto se debe a la manera en que está constituido nuestro cerebro, en que la mente funciona en ese cerebro, en que la conciencia forma parte de la mente.

La conciencia

¿Dónde estoy? La respuesta es: en el centro del Universo. Y, ¿dónde está el centro del Universo? Para responder gráficamente, golpeo un par de veces, suavemente, con los dedos índice y medio, mi cráneo: dentro de mi cabeza, es la respuesta. Soy el centro del Universo.

El último lugar donde escucho el eco de mi voz antes de hundirme en el sueño es el centro del cerebro. En ese mismo lugar, al despertar, comienza cada día el cuchicheo. Y, como yo, cada individuo es el centro del Universo.

El Universo lo es todo y su centro se encuentra en el cerebro de cada uno de nosotros. Para uno solo de estos centros del Universo, todos los otros forman parte del Universo. Y a todos esos otros les sucede simultáneamente lo mismo.

Desde este privilegiado punto de observación —donde siempre estoy, de donde no puedo escapar— todo parece ocurrir afuera. Este lugar es mi conciencia. Aquí habito solo. Es un espacio que construyo y modifico siempre con lo que percibo y asimilo del mundo. Todos los días traigo hasta este sitio nuevos objetos, experiencias, pensamientos. Y no sólo de lo que está más allá de las fronteras de mi cuerpo. También me escucho a mí mismo, me percibo, me siento, me miro desde dentro.

Para levantar un edificio se requieren cimientos. La conciencia necesita el cerebro como base material. El cerebro es una forma compleja del sistema nervioso. De todos los sistemas nerviosos que conocemos, el del ser humano es el más complejo y desarrollado.

Además de controlar muchas funciones que compartimos con otros seres (el movimiento, el instinto de supervivencia, la respiración, la sensación de hambre, el ritmo del corazón, el instinto de reproducción, etcétera), el cerebro coordina en nosotros, de manera exclusiva, la inteligencia en sus diversas manifestaciones, la emotividad, las memorias, operaciones nerviosas de las que otros seres carecen.

La conciencia es, a su vez, una función compleja asentada en el cerebro en la que participan varias de esas operaciones nerviosas. Para tener conciencia hay que incorporar información, guardar recuerdos, tener identidad, experimentar emociones, tomar decisiones, diseñar la forma de ponerlas en operación, etcétera.

Ante nuestra conciencia, ese filtro construido con una base física y toda una serie de componentes superiores, el mundo parece estático, pero no lo es, por más que nos lo parezca. No siempre ha estado ahí, y menos aún ha estado ahí nuestro cerebro y nuestra conciencia para percibirlo, nombrarlo y preguntarnos acerca de él. El cerebro es la estructura multifuncional más compleja que ha desarrollado la vida, es el órgano más elaborado que ha creado la naturaleza. A su vez, la conciencia es una de las funciones más complejas del cerebro. Para que tanto el cerebro como la conciencia llegaran al punto de observarse, percatarse de su propia existencia y preguntarse sobre sí mismos, tuvo que pasar una cantidad inimaginablemente grande de tiempo. En este lapso, la vida tuvo oportunidad de vestirse con muchos ropajes, de pintarse de diversos colores, de manifestarse de innumerables maneras, de ensayar nuevos personajes. Tuvo tiempo de evolucionar. Pero, ¿qué es la vida?

La vida

La vida es la voz más alta de la naturaleza. A todo lo largo de su ya larguísima historia, el Universo ha ido cambiando de aspecto. Al principio estaba constituido por una mezcla homogénea de materia y radiación. Luego esta mezcla se separó y pudieron formarse las partículas subatómicas. Al paso del tiempo se formó el primero, más pequeño, más ligero y más abundante elemento del Universo: el hidrógeno.

A partir del hidrógeno se formaron otros elementos y estructuras cósmicas inmensamente mayores, como las galaxias y los cúmulos de galaxias. Estrellas y planetas se formaron posteriormente.

Pero todo esto no eran más que diversas versiones o presentaciones de la materia inerte, no viva. Muchos miles de millones de años pasaron hasta que, un buen día, al menos en un pequeño planeta perdido en la inmensidad del espacio, se inventó la vida.

Siguiendo inevitablemente las leyes físicas que rigen todo comportamiento de la materia, ésta se estructuró de tal forma que dio origen a la vida, a los sistemas vivos. Nada, que sepamos, hay más complejo en la naturaleza fabricado a partir de la combinación de elementos fundamentales e inertes. El sistema vivo más sencillo que existe es abismalmente más complejo que el sistema no vivo más complejo que podamos encontrar. La vida es la joya más brillante que ha tallado la naturaleza.

De hecho parece una necedad el surgimiento de la vida. En términos de gasto de energía hubiera convenido que no se originara la vida pues resulta muy complicada y costosa para el balance energético del Universo.

¿Y cómo se manifiesta la vida? Sólo basta alzar la mirada, o cerrar los ojos, para percatarse de las incontables formas de vida que nos rodean y de las cuales formamos parte.

Todos los animales cuyo tamaño es suficiente para que alcancemos a mirarlos a simple vista nos parecen sin duda vivos. Las plantas, a pesar de su quietud, también están vivas. Los problemas empiezan cuando nos referimos a seres cuyo tamaño es tal que no podemos verlos directamente. Existen millones de seres microscópicos tan vivos como cualquiera que podamos ver o imaginar. A cada tipo particular de seres le llamamos *especie*. Durante siglos de estudio hemos logrado conocer cientos de miles de especies, pero éstas forman tan sólo una parte de las millones que calculamos que existen hoy.

¿Qué tienen en común estas millones de especies para que les llame-mos seres vivos? ¿Qué características debe cumplir un sistema para considerarse vivo?

Los seres vivos, en general, tienen una forma fija, una estructura permanente, pero sus constituyentes son cambiantes. Para mantenerse vivos requieren intercambiar constantemente, y de manera controlada, materia y energía con el ambiente que les rodea. Por eso se dice que son sistemas

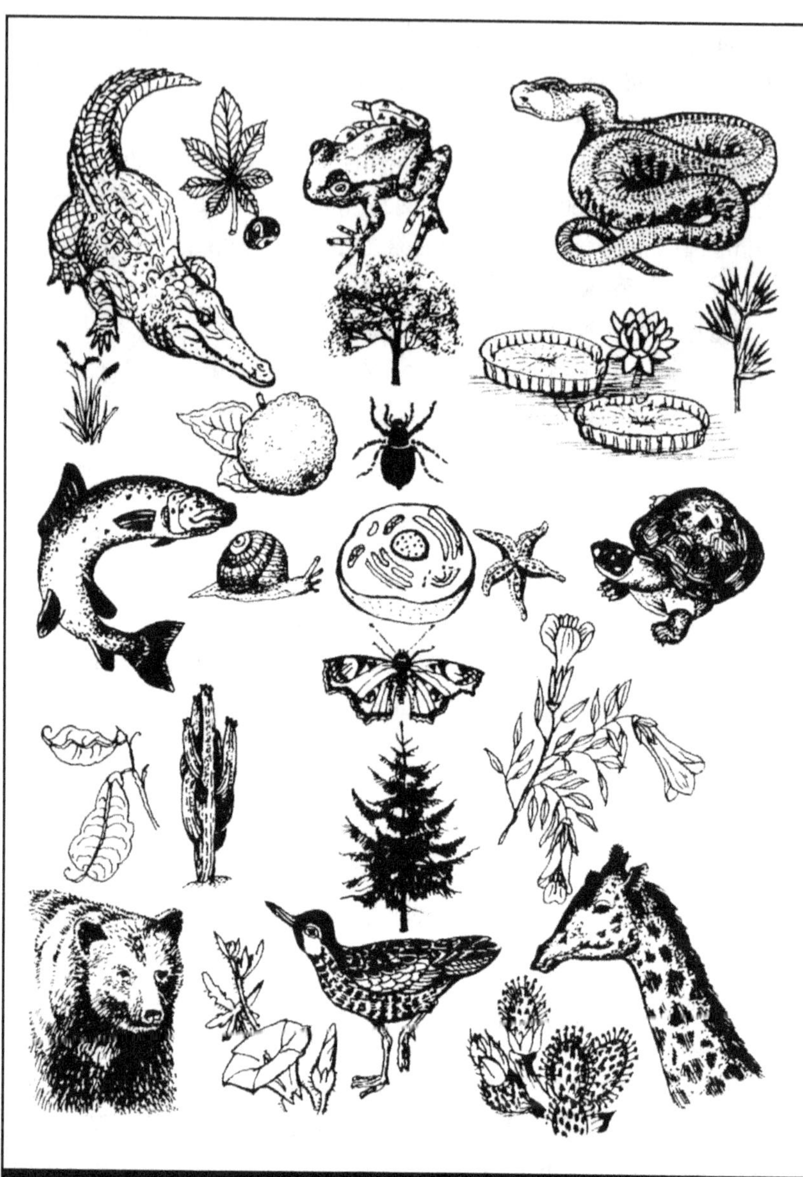

Figura 1. Diversidad de la vida.

abiertos. Los que sólo intercambian energía no están vivos y se llaman *cerrados*, y los que no intercambian nada se conocen como *aislados*.

Otra característica de los seres vivos es que tienen funciones, es decir, que cada parte que los constituye cumple una tarea que contribuye a mantener la vida del organismo como un todo. Para que llegaran a constituirse estos conjuntos de funciones coordinadas dentro de un ser vivo se requirió tiempo, mucho tiempo.

Una tercera característica fundamental de los sistemas vivos es que son capaces de reproducirse. Al hacerlo pueden transmitir o heredar sus características, pero no de una manera exacta al cien por ciento, sino con la posibilidad de variaciones, es decir, que no todos los descendientes serán idénticos. Ésta es una clave.

Todos los seres vivos estamos formados de células; algunos, de una sola; otros, de miles de millones de ellas. Existen dos tipos fundamentales de células que representan la división más antigua y básica de lo vivo: las *procarióticas* y las *eucarióticas*. Las primeras sólo se presentan en forma de organismos individuales, es decir, son microscópicas. Son células relativamente sencillas, sin núcleo, pequeñas, con pocas partes y pocas estructuras definidas y especializadas. Las bacterias en general son las mejores representantes de este tipo de células.

En cambio, las células eucarióticas, aunque también microscópicas, son más grandes, poseen núcleo y su estructura es más compleja y presenta partes más especializadas. Las células eucarióticas pueden presentarse como organismos individuales unicelulares o formando parte, en conjuntos de millones o miles de millones de células, de organismos pluricelulares mayores. Casi todos los seres vivos que nos son familiares están formados de células eucarióticas. Nosotros también somos un ejemplo de eso.

De hecho, todo el catálogo de seres vivos que existe en la actualidad lo dividimos en cinco partes o reinos. Solamente uno de estos reinos, el primero, llamado *monera*, está constituido por células individuales procarióticas; son lo que conocemos de manera genérica como bacterias. Los otros cuatro reinos son seres constituidos por células eucarióticas. Dos de ellos, el reino protista y el de los hongos, tienen tanto representantes unicelulares como multicelulares. Los dos restantes, plantas y animales, son reinos multicelulares.

A pesar de las diferencias entre procariotes y eucariotes, uno y otro tipo de células, ya sea en vida libre o formando parte de un organismo, llevan a efecto mecanismos y procesos químicos y bioquímicos comunes.

La parte básica de las rutas de asimilación, degradación y síntesis de sustancias para alimentarse, respirar, mantenerse y reproducirse, que ocurren en las distintas partes de la célula (membrana, citoplasma, organelos internos, núcleo) son iguales.

Sabemos que los leones siempre dan origen a leones, los eucaliptos a eucaliptos, las salmonelas a salmonelas, etcétera. Los seres vivos, al reproducirse, generan seres semejantes a sí mismos. Esto se conoce en general como herencia. Las sustancias, mecanismos, reglas y códigos que intervienen en la herencia, en la transmisión de las características hereditarias de una generación a otra, son iguales en todos los seres vivos. El código genético, la clave por la que una sustancia informativa se traduce a otra sustancia que cumplirá alguna tarea estructural o funcional dentro de un organismo, es universal para todos los seres vivos. Esto revela la profunda unidad y relación que presentan todas las formas de vida.

La herencia

Todas las células, ya sea de organismos unicelulares o de organismos pluricelulares, tienen dentro de sí muchos tipos de compuestos químicos, entre ellos unos denominados ácidos nucleicos. Nos centraremos en estos últimos para entender cómo se heredan las características de padres a hijos. En las células procarióticas, los ácidos nucleicos no están contenidos en una estructura especializada, sino libres en el citoplasma. En las eucarióticas, estas sustancias se ubican dentro de una estructura denominada núcleo, por eso se llaman ácidos nucleicos.

Los ácidos nucleicos, o ADN (ácido desoxirribonucleico), son compuestos químicos tipo polímero, es decir, largas cadenas que se construyen con la repetición de eslabones o unidades químicas más pequeñas llamadas monómeros.

Cada monómero (también conocido como nucleótido en el caso de los ácidos nucleicos) tiene tres componentes: una base (que puede ser una de cuatro posibilidades: adenina, timina, guanina o citosina), un azúcar (desoxirribosa en este caso) y un grupo fosfato. Estos monómeros o nucleótidos se unen por medio de sus grupos fosfato formando hileras larguísimas de miles de eslabones. La secuencia en que se acomodan las bases parece no tener orden alguno. Las bases pueden ubicarse en cualquier sitio y se vale todo tipo de repeticiones.

Pero estas cadenas no están solitarias. Generalmente se les encuentra en pares formando una estructura de hélice doble. Las cadenas se enrollan una en la otra como si se abrazaran, y se mantienen unidas por medio de sus bases. Resulta que la base adenina se complementa espacialmente con la base timina, y la guanina con la citosina. De esta manera, siempre que en una de las cadenas haya una adenina, la encontraremos adherida a una timina en la otra cadena, y viceversa. Si encontramos una citosina en una cadena, su contraparte en la otra será una guanina, y también viceversa.

De esta manera, si estuviéramos hablando de fotografía, una de las cadenas sería la imagen positiva y la otra la negativa. Pero, en esta hebra de compuesto químico, ¿cuál es la información, dónde y cómo está almacenada, cómo se transmite, y se expresa?

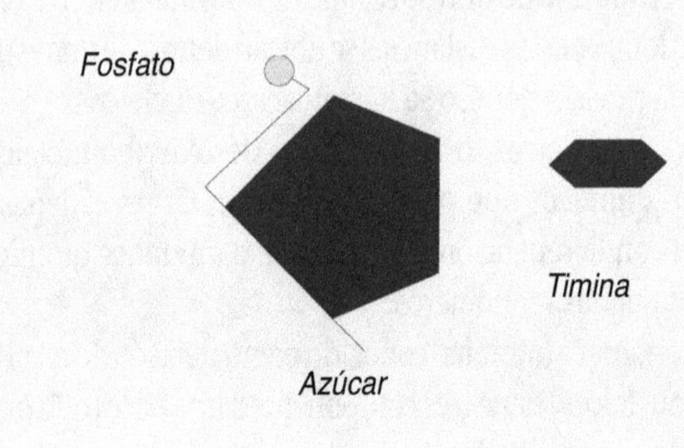

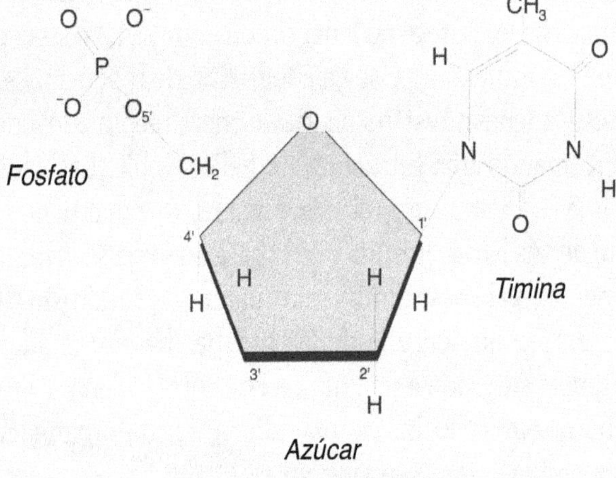

Figura 2. Monómero: fosfato, azúcar, base (timina).

24

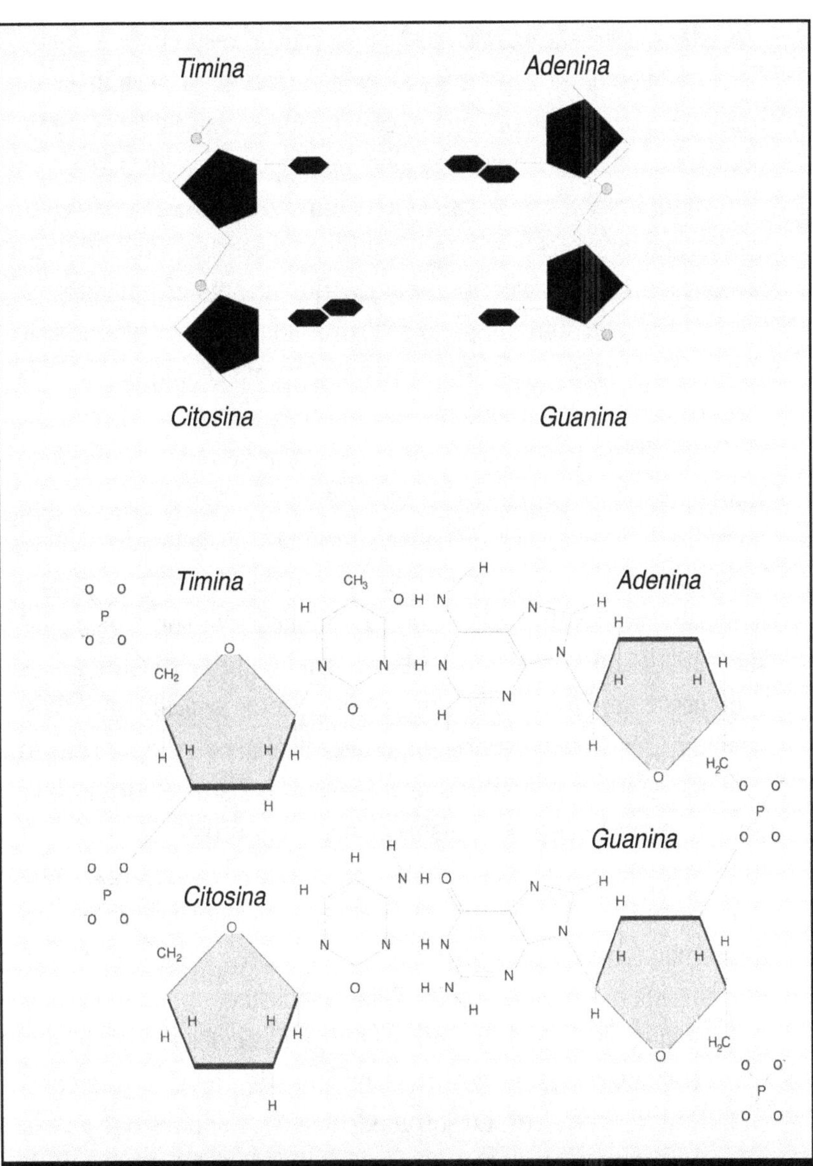

Figura 3. Acoplamiento específico de las bases (citosina con guanina y adenina con timina).

Cada especie tiene una cantidad y una secuencia específicas de bases. Entre los miembros de una misma especie, la secuencia y el número de bases es equivalente; pero de una especie a otra difiere mucho. Esto es como decir que cada tipo de organismo tiene su propio código de barras.

Aunque la secuencia de bases en cualquier trozo de ADN parece no tener orden alguno, es precisamente ahí donde se encuentra cifrada toda la información, las instrucciones para fabricar un organismo completo. Al conjunto o archivo completo de instrucciones de una especie se le denomina *genotipo*. Cada especie tiene su propio genotipo.

El código de desciframiento del archivo es en realidad sencillo. Cada tres bases (un triplete), de la secuencia de miles y miles que componen un genotipo, se corresponde químicamente con un aminoácido. Es decir, en el momento en que una larga hebra de ADN es leída, cada tres bases son interpretadas y traducidas a otra forma de lenguaje químico: un aminoácido. Los aminoácidos son a su vez las subunidades, monómeros o eslabones con los que se construyen los compuestos químicos, también tipo polímero como los ácidos nucleicos, denominados proteínas (por cierto, éstas se llaman así en honor a Proteo y su habilidad de presentar diferentes caras o disfraces, de cumplir diferentes funciones). De la misma manera, cada proteína cumple una función específica: a veces se trata de funciones de estructura, como puede ser el caso del tejido muscular, a veces interviniendo en calidad de hormonas o enzimas que controlan miles de reacciones de síntesis, degradación o cualquier aspecto del metabolismo.

Existen en la naturaleza unos veinte aminoácidos esenciales con cuyas combinaciones se construyen millones de proteínas diferentes en todos los seres vivos. Lo sorprendente y revelador es que a cada aminoácido corresponde una secuencia determinada de tres bases. Y la correspondencia es exactamente la misma en todos los seres vivos: el código es universal. Además de que esto habla de la unidad y profundo

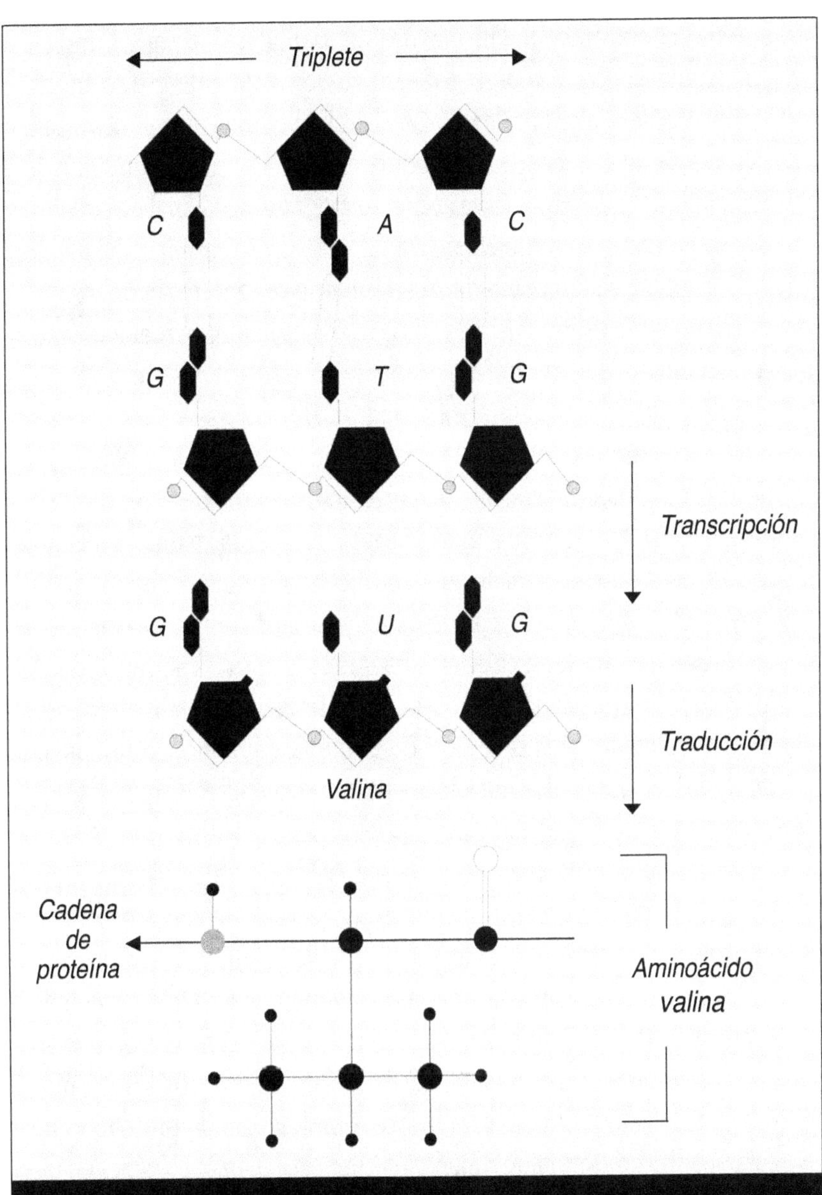

Figura 4. Detalle de un triplete y su decodificación a aminoácido.

parentesco entre todas las formas de vida, también revela que, al menos en lo que respecta al código genético, tuvieron un antecesor común.

En la secuencia misma de las bases del ADN, en ese aparente desorden, está toda la información que se traduce en la producción de un sinfín de proteínas de todos tipos cuya acción se manifestará, a final de cuentas, como el organismo completo de un ser vivo. La expresión completa de toda la información contenida en el genotipo se conoce como *fenotipo*.

Un ser vivo es muchísimas cosas al mismo tiempo: metabolismo, color, tamaño, disposición a ciertas enfermedades, resistencia a otras, alergias, posibilidad o imposibilidad de alimentarse de ciertos productos, etcétera. Todo esto está determinado por la secuencia de bases de sus ácidos nucleicos. Claro que un solo triplete de bases, es decir un aminoácido, no determina una característica entera en un organismo. Se requieren muchos tripletes, que codifican para muchos aminoácidos, que constituyen a muchas proteínas cuya acción conjunta se manifestará como una característica determinada del organismo, como un todo. A los conjuntos o secuencias de bases que intervienen en la codificación de una proteína específica se le conoce como *gene*. Entonces, otra manera de referirse a los ácidos nucleicos es como secuencias de genes. Cada gene específico tiene una secuencia de bases específica.

Puesto que hay muchas funciones semejantes entre las distintas especies de seres vivos, las secuencias de bases, o genes, que codifican para tales funciones son, cuando no exactamente iguales, sí muy semejantes.

Las bases o fundamentos de las rutas metabólicas que existen en organismos tan disímiles como las bacterias y los elefantes, presentan aproximadamente las mismas fases acompañadas por las mismas enzimas. Estas enzimas o catalizadores biológicos son proteínas que están codificadas por equivalentes secuencias de bases o genes en las bacterias y en los elefantes... y en nosotros, y en los demás animales, y en las plantas, y en los hongos.

Pues sí. Todos los seres vivos nos parecemos. Pero evidentemente somos diferentes. Mientras más parecidas son nuestras secuencias de bases en los ácidos nucleicos más nos asemejaremos. Los humanos nos parecemos más a un chimpancé, por ejemplo, que a un venado, y un tigre se parece más a un león que a un canguro. Las pequeñas y grandes diferencias entre las distintas especies están dadas también por la diferencia en los genes propios de cada especie. Si comparamos nuestro "código de barras" con el de un murciélago, mamífero como nosotros, tendrá más puntos en común que con el de un tiburón, que es un pez.

Pero también hay diferencias dentro de una especie. Todos los seres humanos (negros, amarillos, rojos, blancos, marrones, grises o descoloridos), por ejemplo, pertenecemos a la misma especie. Pero sólo los gemelos idénticos tienen exactamente el mismo genotipo. A partir de ahí existe todo un catálogo de pequeñas diferencias que resultan en la gran variedad de razas, tipos e individuos humanos que podemos encontrar hacia cualquier punto que miremos. Pero todos pertenecemos a la misma especie. Todos los seres humanos tenemos el mismo número de hojas en nuestro archivo de instrucciones. Las hojas con un tipo específico de instrucción o gene se encuentran siempre en el mismo sitio, los detalles de la instrucción pueden variar. Ejemplo: la instrucción para el color de ojos estará en todo ser humano, y siempre en el mismo sitio de la cadena de ácido nucleico (en la misma hoja del archivo); puede variar el color específico (café, negro, verde, azul, violeta, etcétera) pero no la instrucción de que se trata del color de los ojos. Y así con todas las miles de características que constituyen un ser completo.

Los ácidos nucleicos, constituidos de secuencias de bases llamadas genes, se agrupan en estructuras mayores llamadas *cromosomas*. Al conjunto completo de cromosomas que constituyen todo el archivo de información para codificar un ser vivo se le conoce como *genoma*. En la actualidad, varios grupos de investigadores en todo el mundo trabajan conjuntamente para descifrar el genoma humano completo. Esta información estará completada dentro de la siguiente década y será de utilidad en muchos aspectos, pues además de conocer el contenido informativo del genoma, también se tendrá la posibilidad de modificarlo o manipularlo de distintas maneras. Para empezar, habrá oportunidad de corregir fallas o defectos que el archivo pueda tener y que conocemos simplemente como enfermedades genéticas.

Las diferencias entre los genomas de los individuos que componemos la especie humana no impiden que podamos entrecruzarnos, reproducirnos cualquiera con cualquiera, y producir una descendencia que, a su vez, estará en capacidad de entrecruzarse con cualesquiera otros seres humanos y generar descendencia fértil, y así sucesivamente.

La reproducción

Además de almacenar información y traducirla a través del código genético, los ácidos nucleicos tienen una característica que permite que la información pase de padres a hijos, o de una generación a la siguiente. El ADN puede duplicarse, hacer copias de sí mismo. Esto quiere decir que todas las instrucciones almacenadas en los archivos pueden reproducirse y transmitirse a un nuevo ser como patrones o moldes, se duplican añadiendo uno por uno los monómeros o nucleótidos para formar las nuevas cadenas. La secuencia de bases de las nuevas cadenas estará determinada por las de las cadenas que se están copiando. De esta manera tendremos una copia exacta de toda la información que codifica para la formación de esta bacteria específica. Una vez que ha ocurrido la duplicación del material genético, la bacteria simplemente se parte por la mitad. El resultado final son dos bacterias con igual calidad y cantidad de información que la originaria.

En las bacterias, la reproducción es sumamente rápida. En condiciones favorables, tan sólo veinte minutos bastan para que el número total de bacterias de una colonia se duplique. Existen varias modalidades de reproducción asexual. Lo común es que, ya sean células libres o que formen parte de algún tejido, se multipliquen copiando su propio material genético sin la intervención de otro individuo. Aquí es fácil percatarse de que las nuevas copias de material genético serán básicamente idénticas a las originales.

En la otra forma de reproducción, la sexual, intervienen dos individuos. Tomemos como ejemplo el caso humano, que es aplicable a infinidad de plantas y animales.

Un individuo masculino y uno femenino producen, cada cual por su lado, células especializadas llamadas *gametos*. Son células especializadas porque contienen sólo la mitad de la información genética que poseen el resto de las células de un individuo. Al fecundarse estos gametos o células germinales una mitad de la información, procedente del padre, se junta con la otra mitad, procedente de la madre. De esta manera se restablece la cantidad completa de información que se requiere para formar un organismo. Al juntarse las informaciones se produce una sola célula que luego comienza a reproducirse de manera asexual, duplicando su material genético una y otra vez hasta formar un individuo completo.

A diferencia de la reproducción asexual, que produce copias de seres prácticamente idénticas, la reproducción sexual implica la mezcla de informaciones procedentes de los padres. Esto provocará que la descendencia presente ciertas variaciones con respecto a los progenitores. Los hijos se parecerán al padre y a la madre, pero no serán exactamente iguales a ninguno. En ocasiones predominará el rasgo particular de uno u otro, a veces estará mezclado o no será tan evidente. Sólo basta una ligera observación a nuestro grupo familiar para percibir esto.

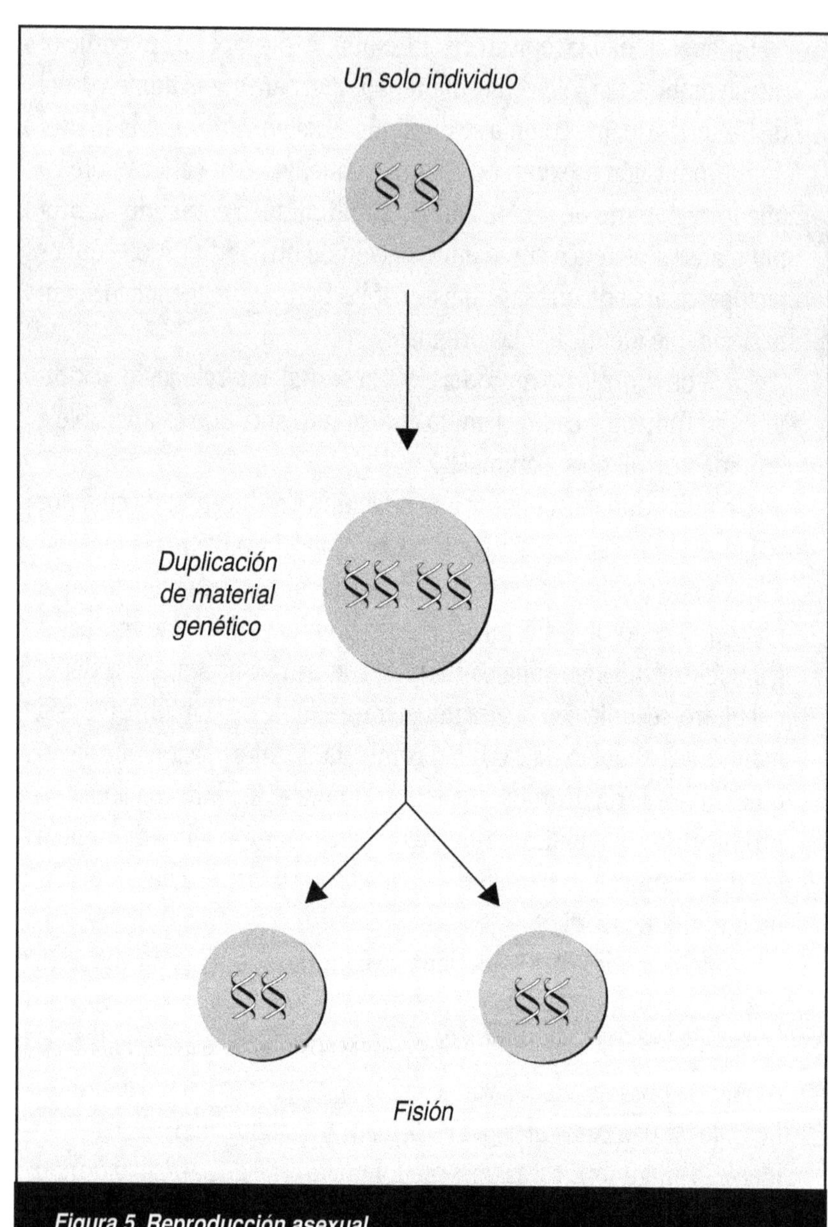

Figura 5. Reproducción asexual.

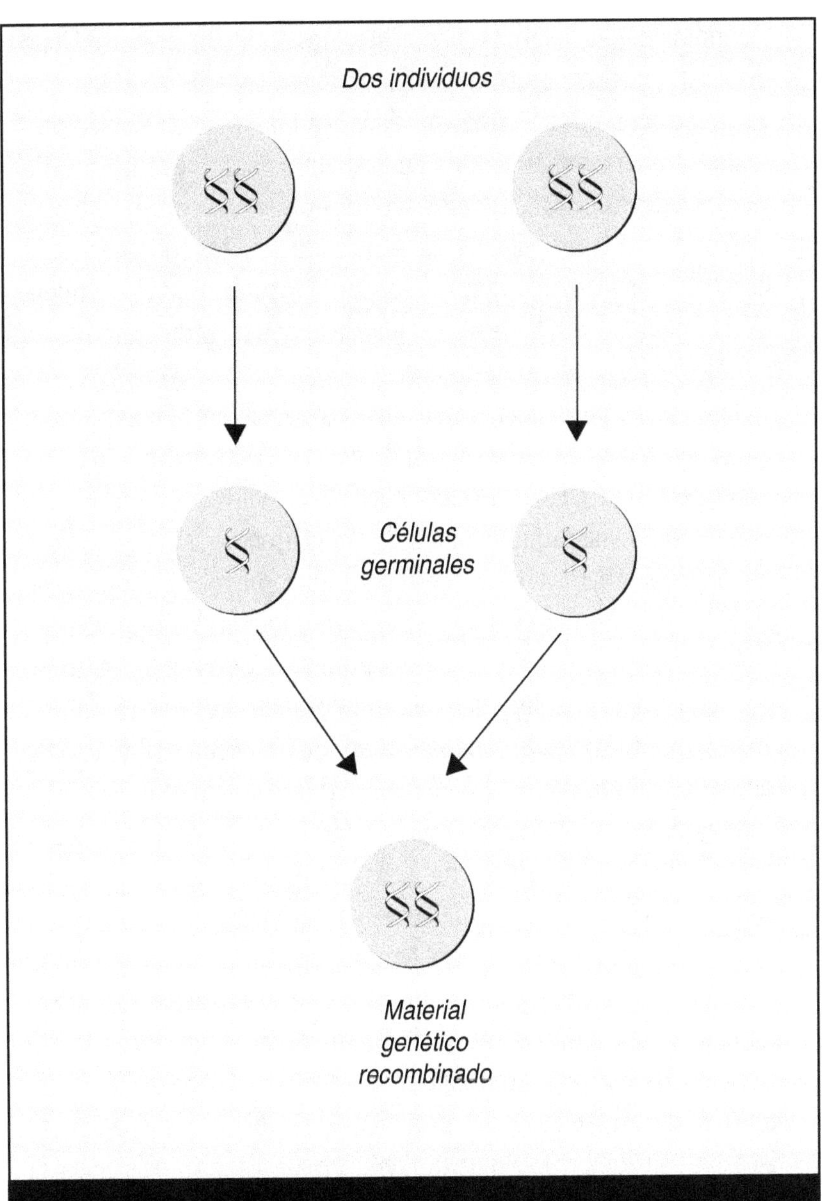

Figura 6. Reproducción sexual.

Como podemos darnos cuenta clara, los ácidos nucleicos, ADN o material genético, son compuestos químicos capaces de almacenar información, replicarla, transmitirla y expresarla. Pero también presentan otra característica fundamental para explicar la evolución de la vida: pueden cambiar, alterarse, modificar la secuencia de sus bases. Esto se debe a la propia naturaleza química de estos compuestos. El hecho de que su estructura sea larga, compleja e intrincada les confiere cierta fragilidad, cierta debilidad ante la acción de otros compuestos químicos o de condiciones físicas.

Los cambios pueden ser de muy diversas magnitudes; el más pequeño es cuando una sola base es sustituida por otra. Esto ocurre sólo en un punto de la larga cadena y los efectos debidos al cambio pueden ser desde imper-ceptibles hasta muy notables. Estas mutaciones puntuales implican la modificación del gene en donde se localiza la base que se cambia. El gene en sí deja de ser lo que era porque cambia la información que portaba.

Mencionamos también que los ácidos nucleicos se agrupan en estructuras más complejas llamadas cromosomas. A éstos pueden ocurrirles duplicaciones de genes, pérdidas de fragmentos, alteraciones del orden, intercambio de partes entre diferentes cromosomas. Por supues-to esto involucrará a muchas más bases, a genes completos. Este tipo de modificaciones no genera ni destruye genes, más bien crea nuevas combinaciones de genes ya existentes.

Hay otro tipo de cambios que alteran el número total de cromosomas. El material genético de los seres humanos —cien mil genes aproximadamente— se distribuye entre vcintitrés pares de cromosomas. Existe una alteración genética que conocemos como síndrome de Down (el apellido del investigador que primero lo describió) o trisomía del par 21. Como su nombre lo indica, la alteración consiste en la existencia de tres cromosomas 21 en lugar de sólo dos. En un solo cromosoma hay cientos y hasta miles de genes. La magnitud de la alteración en este caso, comparada con una mutación puntual donde sólo cambia una base de un gene, es descomunal. Sin ser letal, el fenotipo que produce este genotipo alterado conlleva cambios profundos: retraso mental, lengua prominente, estatura pequeña, manos cuadradas, etcétera.

Un organismo no es meramente la expresión de sus genes, la cual está determinada por varios factores. Uno de estos factores es la interacción que los genes establecen entre sí. En muchos casos la expresión de uno influirá en la de otro. También existe este tipo de dependencia entre los genes y los variados procesos que ocurren en el citoplasma. Y todavía más, existen muchos factores ambientales, externos al organis-mo, que influyen en la expresión de los genes.

2

La corriente del río

Si contáramos con restos fósiles de todas las especies que han existido,
podríamos armar un gran rompecabezas de cómo ha ido
transformándose la vida en el planeta al paso
de miles de millones de años.

El personaje principal cuya historia estamos contando, de cuyas características, comportamiento y manifestación hemos hablado, es la vida. Pero ésta no ocurre como un fenómeno aislado, requiere un sitio, un marco de referencia, un lugar.

El único lugar donde conocemos con certeza que hay vida es nuestro planeta. En un Universo de la inimaginable magnitud que tiene el nuestro (¿cuál otro?) es difícil creer que no haya vida en algún otro confín. Sin embargo, hasta donde hemos podido averiguar, sólo aquí existe la vida.

Pero hubo una época en la que ni siquiera aquí había vida. En sus inicios, hace unos cinco mil millones de años, el aspecto y condiciones de la Tierra eran muy diferentes de lo que son ahora. La mezcla de gases de la atmósfera, la actividad volcánica, la temperatura, la cantidad de radiación que entraba hasta la superficie, todo era diferente. En esas condiciones extremas surgieron las primeras formas de vida, y su presencia influyó en la transformación paulatina del ambiente.

Una de las consecuencias más profundas de la presencia de la vida en este escenario fue que la atmósfera se transformó de no contener casi nada de oxígeno a contenerlo aproximadamente en una quinta parte. Con este cambio de condiciones, la vida exploró nuevas rutas de desarrollo e invadió todos los ambientes posibles.

Además del cambio atmosférico, ha habido otros acontecimientos muy importantes en la dinámica historia de la vida en la Tierra. Sabemos que la distribución de los continentes ha cambiado muchísimo. Las grandes masas de tierras emergidas se han estado moviendo lentamente y cambiando su posición. Todavía hoy lo hacen, pero igualmente de manera tan gradual e imperceptible que ha habido tiempo de que la civilización humana nazca y se desarrolle encima de estas inmensas embarcaciones a la deriva.

Los innumerables y distintos ambientes de la Tierra también se han modificado por efecto de fenómenos locales, como grandes erupciones, surgimiento de cordilleras montañosas o cambios climáticos como las glaciaciones periódicas.

El planeta es un catálogo extensísimo de ambientes con muy diversas condiciones de luz, temperatura, humedad, presión, composición mineral, etc. En la actualidad podemos encontrar formas de vida en tierra, mar y aire, en las nieves eternas de una alta montaña y al calor de

erupciones volcánicas, en el fondo del mar, sepultadas a muchos metros alimentándose de rocas y en los contenedores de desperdicios radiactivos soportando condiciones de energía difíciles de creer. No ha habido resquicio en el ambiente que no haya sido colonizado por la vida.

Al igual que el ambiente ha cambiado profundamente a lo largo de miles de millones de años, la vida, los seres vivos, también lo han hecho. Las primeras formas de vida eran microscópicas y sencillas, quizá muy parecidas a células procarióticas. A través de procesos simbióticos, estas primeras células dieron origen a otras más complejas, las eucarióticas. Las procarióticas siguieron su camino para formar el actual reino monera y las eucarióticas se agruparon para formar organismos multicelulares. Éstos fueron la base para el posterior desarrollo de todos los otros seres vivos.

Los millones de seres vivos que actualmente habitan la Tierra representan apenas una pequeñísima parte de todos los seres que han pasado por el planeta. Hace unos 250 millones de años ocurrió una extinción masiva de las formas de vida que existían en ese entonces. Nueve de cada diez especies desaparecieron para siempre. Seres que jamás tuvimos la oportunidad de conocer. Hace poco más de 60 millones, quizá por los efectos del impacto de un gran meteorito contra la Tierra, desapareció el 75% de las especies de entonces, incluidos los dinosaurios.

Las especies que vemos hoy no son las mismas que existían en el pasado, como tampoco lo son los ambientes en que viven y se desarrollan. Y, por supuesto, ni las especies ni los ambientes del futuro serán iguales, ni a las del pasado ni a las del presente. Este cambio permanente se llama *evolución* (del Universo, de la naturaleza, de la vida).

¿Cómo darnos cuenta entonces de esto si todo parece tan quieto e inmutable, tan igual y constante? ¿Cómo percibirlo cuando por siglos y siglos de cultura humana vimos, pensamos y aceptamos que las especies habían sido creadas tal como las vemos?

Las evidencias

Ningunos ojos, ninguna mente atrapada en cuerpo tan efímero, han tenido tiempo de observar directamente la evolución. Nadie anduvo por ahí mirando transformarse a las especies. Pero la evolución no es una teoría, es un hecho. Todas las evidencias que se tienen son indirectas: pequeñas verdades particulares que, como arroyos, confluyen y tributan en la corriente principal del río de la evolución.

Todos los cientos de miles de especies de plantas con flores que conocemos comparten características básicas: raíces, tallos con ramas, hojas con clorofila, flores con pétalos, sépalos, estambres y pistilos. Tienen sus diferencias, pero su plano de construcción general y su forma de vida son semejantes: sintetizan sus propios alimentos y materiales a partir de energía luminosa, clorofila, agua, minerales y bióxido de carbono que captan por medio de sus hojas y raíces. La semejanza es fácil de entender si se tiene en cuenta que todas descendieron, con modificaciones, es decir, evolucionaron, de un ancestro.

También los cientos de miles de especies de insectos que existen, a pesar de sus diferencias, comparten la división del cuerpo en cabeza, tronco y abdomen; presentan tres pares de patas y dos de alas; y su boca tiene el mismo patrón estructural básico aunque sus hábitos alimenticios sean diferentes. El ancestro común es la razón de esto. ¿Por qué tendrían que ser estructuralmente tan iguales las extremidades superiores de vertebrados tan disímiles como el ratón (pata), el pelícano (ala), el caballo (pata), la ballena (aleta), el murciélago (ala), el humano (brazo), la tortuga (aleta)? Por la evolución. ¿Por qué, a pesar de cumplir funciones tan diferentes adecuadas a sus diferentes modos de vida (el vuelo, el nado, la carrera, el agarre), presentan en cada caso exactamente el mismo número y disposición de los huesos en el brazo, el antebrazo, la muñeca, la mano y los dedos? Porque tuvieron un ancestro común del cual se derivaron. ¿Por qué son diferentes? Porque el ancestro se transformó, evolucionó.

Estas partes, cuyo origen y estructura es común aunque su labor sea diferente, se llaman homólogas. La existencia de las homologías es una fuerte evidencia indirecta del proceso evolutivo.

Cuando comparamos los embriones de animales tan diferentes como el perro, el humano, la lagartija o el pollo, encontramos que son sumamente parecidos en su posición, disposición, estructura y partes componentes. Es fácil confundir uno con otro. ¿Por qué, si las formas adultas de estos seres son tan diferentes entre sí, sus embriones son tan parecidos? La respuesta es nuevamente la existencia de un ancestro común. Y la misma respuesta sirve para explicar el comportamiento

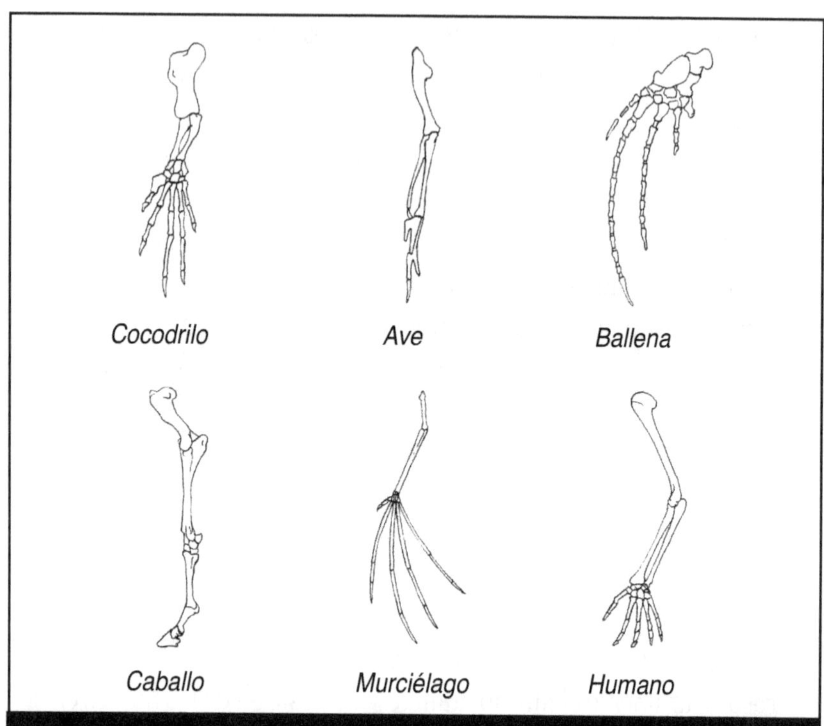

Figura 7. Esquema comparativo de las extremidades superiores de distintos vertebrados.

social instintivo de muchas especies, como la formación de colonias por parte de las abejas, las hormigas y las avispas, o la construcción de nidos por parte de las aves.

Las características que nos hacen pensar en orígenes comunes y posterior transformación también provienen de la bioquímica y el metabolismo de los organismos. Pero no sólo en lo referente a los ácidos nucleicos, los procesos de herencia y el código genético, que ya hemos mencionado, sino en muchos otros aspectos. Por ejemplo, la estructura de la insulina, una sustancia que se produce en el páncreas de diversos animales superiores e interviene en el metabolismo de los azúcares, es casi igual en todos los casos. Sólo existen diferencias mínimas: un aminoácido en lugar de otro, como en el caso de una base en lugar de otra. La semejanza se debe, valga la insistencia, a que tuvieron un ancestro común, y las diferencias son resultado de la adaptación específica desarrollada por cada grupo de organismos al evolucionar.

La clasificación

Una de las primeras cosas que hacemos para tratar de entender la vida es clasificar a los seres vivos. Los agrupamos con base en sus semejanzas y diferencias. El grupo donde existe mayor semejanza, la unidad más pequeña de clasificación, es la especie, una comunidad fértil cuyos miembros, al cruzarse, dan origen a descendencia también fértil. Puede haber varias especies que sean, a su vez, semejantes. Éstas se agrupan en conjuntos de especies llamados géneros. Varios géneros semejantes se agrupan, a su vez, en familias y... así sucesivamente.

Es como si comenzáramos a estudiar un árbol por su parte más exterior, sus hojas, cada una de las cuales representa una especie. Varias hojas están unidas a una ramita, el género. Varias ramitas se unen a una rama más gruesa, la familia. Esta rama desemboca en una más gruesa aún y así hasta llegar al tronco y descender a las raíces.

Ese descenso paulatino a través del árbol, además de ser el permanente ejercicio de clasificación de los seres vivos que vamos conociendo, es como un viaje en retroceso a través del tiempo de la vida, de la evolución. Claro que no conocemos todas las especies, pero a medida que más sabemos, mejor nos damos cuenta de que la forma de clasificación artificial que hemos inventado es reflejo fiel e inevitable del patrón de evolución natural de las especies a partir de ancestros comunes.

La existencia de organismos que son parásitos de otros organismos también es una evidencia indirecta del proceso evolutivo. La relación entre

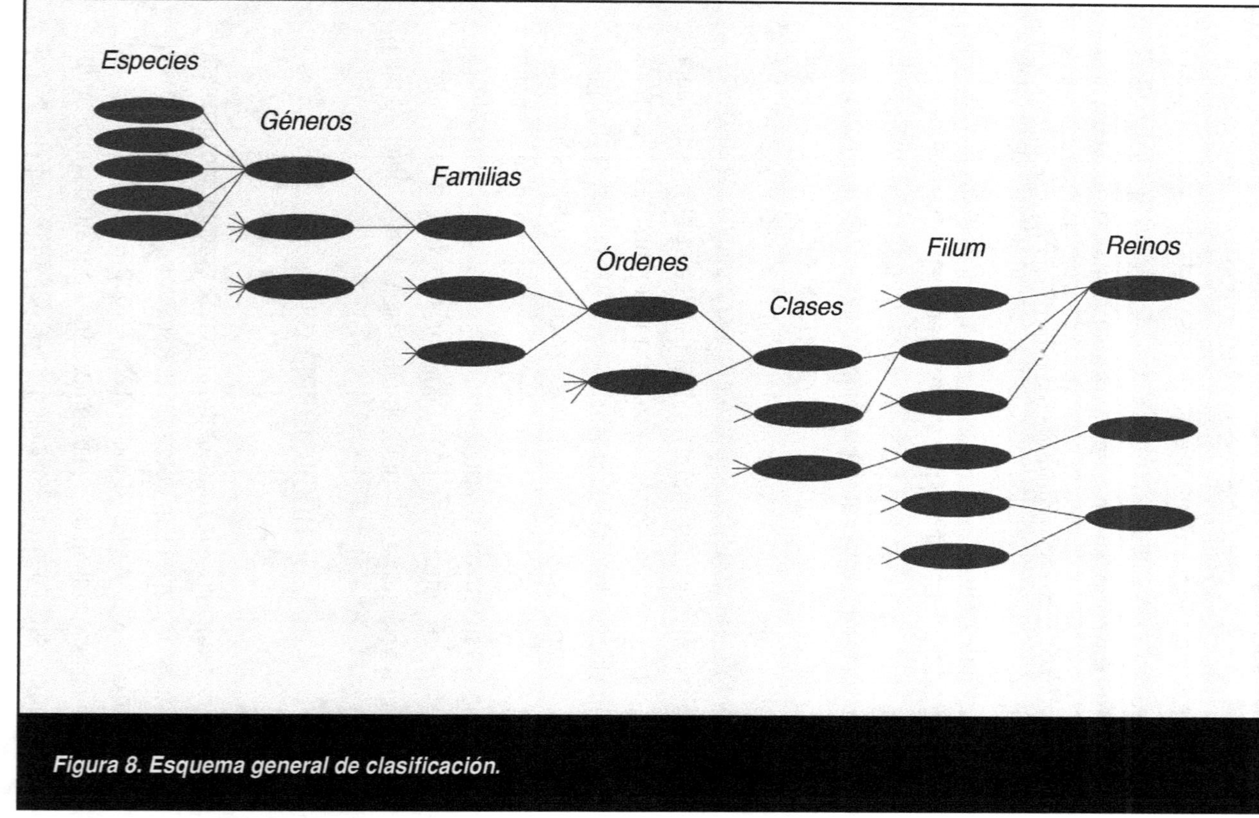

Figura 8. Esquema general de clasificación.

ellos es muy compleja. El parásito es muchas veces incapaz de sobrevivir fuera del ambiente del organismo al que parasita —los organismos mismos también pueden ser considerados como ambientes—. La especie que es parasitada no surgió con su parásito ya incluido. El parásito tampoco surgió espontáneamente dentro del organismo al que parasita. En algún momento, estas dos formas de vida tuvieron que estar separadas. La compleja relación requirió mucho tiempo y cambios en ambos organismos para desarrollarse y establecerse. Requirió evolución.

Otra evidencia de la evolución tiene que ver ya no con la estructura y función interna de las especies en sí, sino con la forma en que sus poblaciones se distribuyen en el planeta.

Una especie nueva se origina a partir de una anterior. Una especie nueva es un ensayo único que ocurre en un solo sitio. No surge simultáneamente en varios lugares y tampoco se repite en diferentes épocas. Pero resulta que encontramos especies parecidas en lugares alejados. No existe una distribución homogénea de estas especies. Esto se explica por el hecho de que el ancestro común a estas especies surgió en un sitio particular, luego se distribuyó hacia otros sitios donde se modificó y adaptó conservando su semejanza con la especie original. En algunos lugares no logró adaptarse y desapareció. La consecuencia es especies semejantes pero separadas. La conclusión es que ahí tuvo que haber evolución.

Existe un grupo de islas a unos mil kilómetros de la costa oeste de Sudamérica, las Islas Galápagos. En cada una de estas islas habita una especie determinada de ave conocida como pinzón. Cada isla tiene su especie particular de pinzón. Estas aves son muy parecidas y se distinguen fundamentalmente por el tipo de pico. Las islas son diferentes, poseen recursos alimenticios distintos. La forma de cada pico está especialmente adaptada al tipo de alimento que puede encontrarse en cada isla. Estas especies tuvieron que originarse de un ancestro común

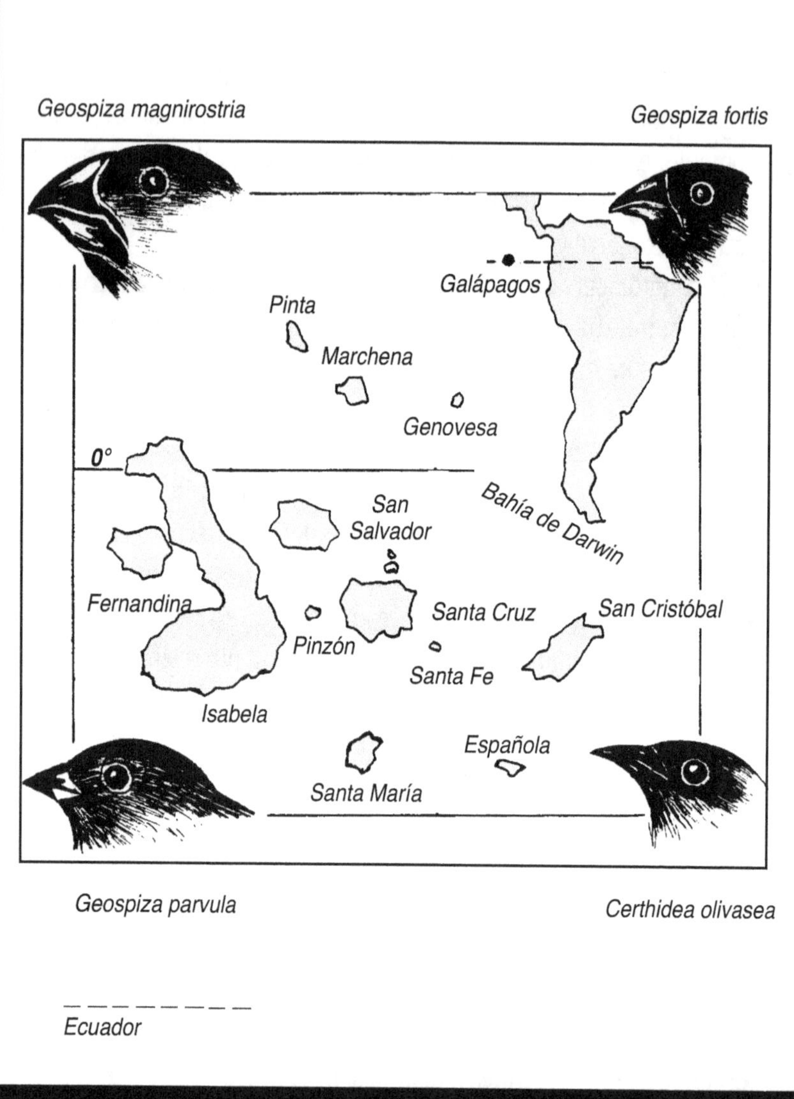

Figura 9. Las islas Galápagos y algunos tipos de pinzones.

que desarrolló un tipo especial de pico adaptado a la circunstancia particular de cada isla.

Además del cúmulo de evidencias indirectas que hacen de la evolución no una teoría sino un hecho consumado y actuante, hay otro tipo de evidencias más directas, aunque fragmentarias e incompletas, que hablan con incuestionable elocuencia a favor de la evolución; son una pieza clave: los fósiles.

Los fósiles

La corteza terrestre es como la piel del planeta. En ella van quedando marcadas las huellas de los grandes y pequeños sucesos que han acontecido en la Tierra. El planeta en sí es un sistema dinámico: su centro caliente propicia gigantescos movimientos en la superficie. Las grandes cordilleras son resultado del arrugamiento de la superficie cuando los continentes han chocado unos contra otros. Esta piel se estira, se pliega, se rompe, da vuelcos. El agua y el viento han tallado infinidad de formas y relieves en esta superficie: valles, mesetas, cañones y desiertos. Una vez más, estos cambios son de tal magnitud y ocurren a tal velocidad que nos resultan muchas veces imperceptibles. Pero ciertamente bajo nuestros pies el planeta palpita y se transforma.

Ya desde hace siglos comenzaron a encontrarse, en un principio de manera puramente accidental, restos de organismos desconocidos mientras se hacían excavaciones, o en cuevas y otros lugares poco accesibles. Desde entonces, el registro fósil, es decir, la cantidad de restos de diferentes organismos que se han encontrado, ha ido en constante aumento. Lograron conservarse por la sencilla razón de que los materiales de que estaban compuestos fueron siendo sustituidos gradualmente por minerales que los convirtieron en roca, es decir que los petrificaron. Y la piedra puede durar mucho más tiempo.

Aunque se han encontrado fósiles de organismos que todavía existen (el tiempo que permanece o logra sobrevivir cada especie en el planeta es distinto), la mayor parte corresponde a seres que existieron en otra época.

Las primeras reacciones ante estas evidencias seguramente fueron de sorpresa, pues nadie esperaba hallar restos de organismos diferentes a los que existían. ¿De dónde salieron tales seres? Son organismos que sin duda existieron, pues ahí están sus restos, pero se extinguieron.

Sabemos que generalmente un organismo al morir se descompone, se desintegra. Sus constituyentes se desestructuran y se reintegran al ambiente. Se convierten otra vez en el polvo de que se formaron. ¿Cómo entonces hay casos en que no desaparecen por completo y dejan huellas de su existencia?

Hay varias formas de conservar, al menos parcialmente a un organismo que haya muerto. Las partes que más fácilmente pueden conservarse son las duras, pues son más resistentes a todo tipo de descomposición: los huesos, las conchas, los caparazones, los dientes, los cascarones de los huevos y los constituyentes leñosos o fibrosos de las plantas.

Generalmente las partes blandas se descomponen con facilidad bajo la acción del ambiente y los organismos, macroscópicos o microscópicos. Los seres vivos que habitaron las primeras épocas de la Tierra eran sencillos, pequeños y en su mayoría carentes de partes duras. Por esta razón, mientras más antiguo es el registro fósil más rara vez se encuentra. De cualquier manera, se han localizado en rocas antiquísimas fósiles de seres microscópicos que revelan cómo fueron las primeras etapas de la vida. Más aún, cuando ni siquiera se encuentran microorganismos fosilizados como tales, se localizan restos de su actividad metabólica o de su descomposición. Estas evidencias tan sutiles se conocen como fósiles químicos.

No todos los seres vivos tienen la misma posibilidad de quedar registrados en la crónica geológica del planeta. Incluso la presencia de

Fósil de un Pterodactylus crassirostris.

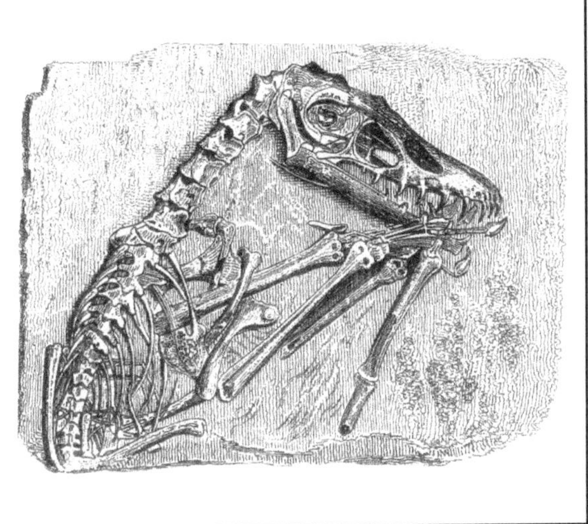

partes duras no es garantía de que algo se fosilice. Las blancas arenas de las playas del Caribe están constituidas de trocitos de conchas de moluscos que nunca se fosilizaron y han ido pulverizándose por su propia fricción. Los sedimentos del fondo del mar también están formados en gran medida por este molido fino de conchas. Pero incluso para que las partes duras se conserven debe ocurrir una serie de condiciones, por ejemplo, deben estar cubiertos con sedimentos como lodos y arcillas, y es necesario que pase tiempo para que se transformen en roca. Así conservados hemos podido encontrarlos.

Los restos de seres vivos que logran librarse de una descomposición rápida pueden entonces ir transformándose químicamente. Cada partícula de materia será sustituida poco a poco por minerales insolubles que le darán la apariencia de una piedra.

Aún así, en los largos periodos de tiempo, los fósiles ya formados pueden ser destruidos por la acción misma del ambiente y los movimientos de la superficie del planeta. Además, no todas las condiciones alrededor de la Tierra son propicias para la formación de fósiles. Hay ambientes más favorables que otros. Las lagunas poco profundas y los pantanos, donde es más fácil que los restos sean cubiertos y protegidos por sedimentos, aumentan la posibilidad de que los restos ahí depositados se fosilicen.

En ocasiones, un organismo antes de descomponerse es cubierto por un sedimento donde se copia su relieve externo, como si se tratara de una mascarilla. Al terminar de desintegrarse el organismo, este molde queda hueco. Si se inyecta en el molde alguna sustancia que al secar se endurezca, se tendrá entonces un modelo de lo que era aquel organismo.

También se han encontrado huellas fosilizadas de dinosaurios, por ejemplo. Éstas se formaron cuando, tras el paso de estas bestias por un terreno blando, dejaron impreso su andar sobre el que posteriormente se depositaron sedimentos que ayudaron a conservarlo. Son tan reveladoras estas señales que hemos aprendido a leer algo de los hábitos, el tipo de desplazamiento y la postura del cuerpo de los seres que las produjeron.

Otra evidencia de especies que ya no existen procede de los hallazgos de mamutes, mastodontes y rinocerontes lanudos que se conservaron gracias al frío congelante de las estepas árticas. Estos ejemplares son más cercanos a nuestra época y en este caso no sólo se conservaron los huesos sino una buena parte de sus tejidos blandos: los órganos, la piel, el pelo, etcétera.

Si contáramos con restos fósiles de todas las especies que han existido, podríamos armar un gran rompecabezas de cómo ha ido transformándose la vida en el planeta al paso de miles de millones de años. Pero la realidad es que tenemos apenas unas cuantas piezas, algunos pocos eslabones de los millones que forman las cadenas de la vida.

Aún así, se cuenta con algunas secuencias consecutivas de fósiles que permiten ver el paso gradual de la transformación de algunas especies hasta nuestros días. El caso del caballo es especialmente interesante. De él han podido encontrarse restos fósiles de cada una de sus etapas de transformación, desde que era un ser apenas del tamaño de un perro con dedos en las patas, hasta el soberbio animal de pezuña que tan íntimamente ha convivido con el ser humano por milenios.

Los fósiles son, pues, la evidencia de que la evolución es un hecho. Una vez más, uno de los ingredientes indispensables para la fosilización es el tiempo. Nadie puede mirar el proceso de fosilización en vivo y en directo. Nadie tiene tiempo para eso.

Los fósiles son un símbolo del tiempo, son viejos, tienen muchos, muchísimos años. ¿Cuántos? ¿Cómo podemos saberlo si nadie estuvo

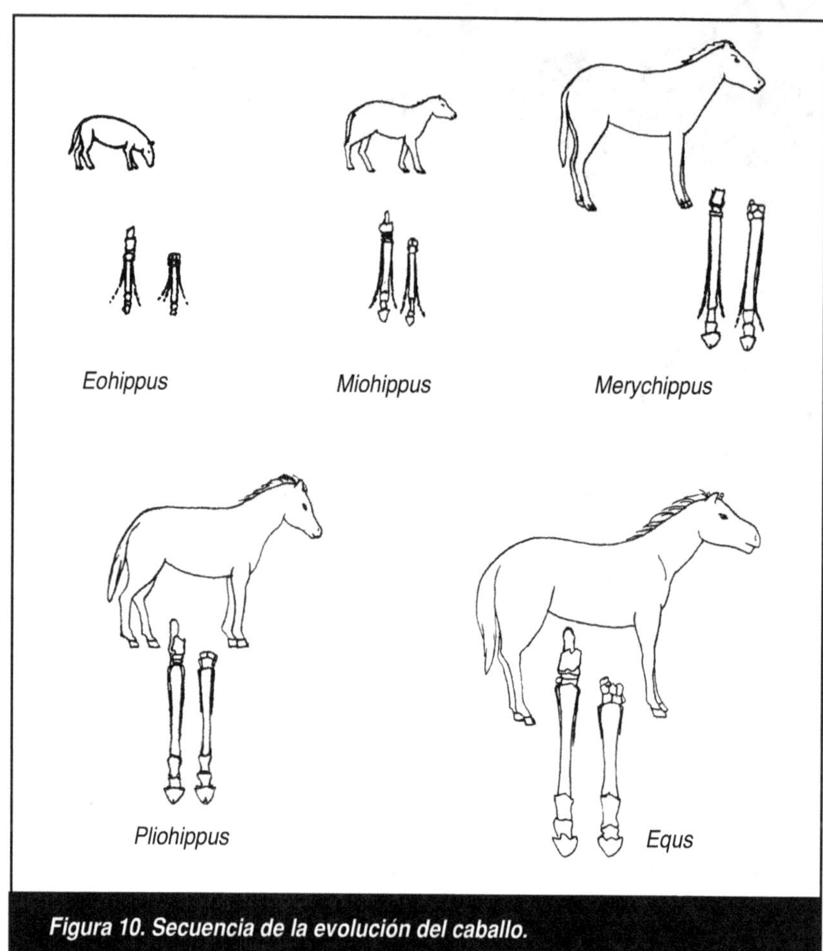

Figura 10. Secuencia de la evolución del caballo.

presente cuando dejaron de ser seres vivos, cuando murieron y comenzaron su lento proceso de fosilización?

La edad

Todos los seres vivos nos alimentamos; ésa es una de las condiciones definitorias de la vida. La cadena de alimentación en la naturaleza comienza cuando los seres fotosintéticos, las plantas en general, toman bióxido de carbono del aire, agua del suelo y energía luminosa del Sol. Con estos tres ingredientes sencillos fabrican moléculas más grandes y complejas con las que se alimentan y construyen su propia estructura. Luego los animales se alimentan de las plantas e incorporan a su organismo el carbono que las plantas habían tomado del aire en forma de bióxido de carbono. Los animales, a su vez, pueden ser alimento de otros animales y así sucesivamente.

Pero no todo el carbono es igual. Hay un tipo de átomos de carbono normal, estable (12), y otro radiactivo, inestable (14).

De manera natural, por cada billón de átomos de carbono normal existe uno de carbono radiactivo en la atmósfera. La planta no reconoce esta diferencia e incorpora por igual a uno y otro tipo de átomos, pero lógicamente en la misma proporción presente en la atmósfera. Y con esta misma proporción el carbono pasa a los animales a través de la cadena de alimentación.

Mientras los organismos están vivos, esta proporción se conserva pues continuamente se está eliminando el carbono (estable e inestable) y también continuamente se sigue incorporando. La situación cambia cuando el organismo muere. En ese momento deja de incorporar carbono.

Pero el carbono radiactivo es inestable, cambia, se convierte espontáneamente en carbono normal. Pero esto requiere tiempo. Al morir entonces el organismo, la cantidad de carbono radiactivo que tenía en ese momento, como ya no se renueva, empieza a disminuir para convertirse paulatinamente en carbono estable. En consecuencia, la cantidad total de átomos de carbono radiactivo que había en ese organismo al momento de su muerte, se reducirá a la mitad al cabo de 5,700 años. A esto se le llama vida media del carbono radiactivo. Esa mitad de átomos de carbono radiactivo que quedó de la cantidad original se reducirá nuevamente a la mitad al cabo de otros 5,700 años.

Entonces, si encontramos los restos fosilizados de un organismo, les medimos la proporción que tienen de carbono radiactivo con respecto al carbono normal, y comparamos ésta con la proporción que debería tener si estuviera vivo, la disminución de contenido de carbono radiactivo nos indicará hace cuánto que ese organismo dejó de incorporar a su estructura carbono radiactivo, es decir hace cuánto murió.

Este es un método que sólo sirve hasta cierto límite de antigüedad. Con otros métodos semejantes e igualmente precisos ha podido calcularse la edad exacta de todos los restos fósiles encontrados. Esto es de suma importancia porque, aunque conocemos pocas páginas concretas del libro de la evolución, sí podemos conocer la ubicación de cada página y, al menos, saber cuál va antes y cuál después.

Esto ha permitido, a su vez, establecer el orden de las secuencias de modificación de los fósiles encontrados, percatarse de ciertas tendencias de la transformación y visualizar cambios concretos de una especie a otra.

3

El curso del río

*La evolución es un proceso que se origina en el centro más interno
de un individuo, sus genes, continúa con su descendencia
y se manifiesta plenamente en la historia de
la población a la que pertenece.*

La forma en que se realizan los cambios de una especie a otra es a través de las mutaciones.

La vida no tiene voluntad, intención, dirección o sentido. No va hacia ningún sitio predeterminado, hacia ninguna tierra prometida. Tampoco está tratando de alcanzar meta alguna.

Cuando miramos el pasado a través de las pocas ventanas que hemos logrado abrir, descubrimos ciertas tendencias, ciertas trayectorias. Como si se persiguiera algo. Como si no hubiera habido alternativa.

Pero ese panorama pudo ser muy diferente. La que de hecho ocurrió representa tan sólo una de las posibles versiones de la historia. En realidad pudo haber ocurrido, basada en el mismo mecanismo hereditario y en el mismo código genético, cualquier otra cosa distinta de lo que ocurrió.

Es realmente una casualidad que como resultado del proceso de transformación de la vida haya surgido una especie con un órgano, el cerebro, que lo ha capacitado para indagar sobre la forma en que las cosas han sucedido. Cabría la posibilidad de que no hubiera sido así, y entonces nadie se hubiera preguntado nada, y no importaría, el Universo seguiría su ciego andar. Seguiría evolucionando, libre de la mirada de cualquier observador. La vida es aleatoria.

La evolución es un proceso complejo. Pero su punto de partida es muy simple. Para que haya cambio se requiere que se modifique la información hereditaria, que las instrucciones contenidas en los ácidos nucleicos se alteren, que los genes muten. Ésta es la materia prima, el primer paso del cambio evolutivo. Una de las formas fundamentales de modificación genética es la mutación.

Por su propia naturaleza, los ácidos nucleicos son susceptibles de mutar espontáneamente. No requieren que algo les dicte que tengan que mutar. Se ha calculado que existe en la naturaleza una frecuencia más o menos constante de mutaciones del ADN. Se dice, por ejemplo, que de entre cada cien mil y cien millones de células germinales que se forman para intervenir en la reproducción sexual, una presenta algún gene con mutación. Un solo individuo produce miles o millones de células germinales. Las especies están compuestas por miles o millones de individuos, existen millones de especies. Por lo tanto la mutación está cotidianamente condimentando la vida.

Las mutaciones son de varias dimensiones y tipos. Puede cambiarse, perderse o añadirse una base. Puede alterarse, cortarse, invertirse

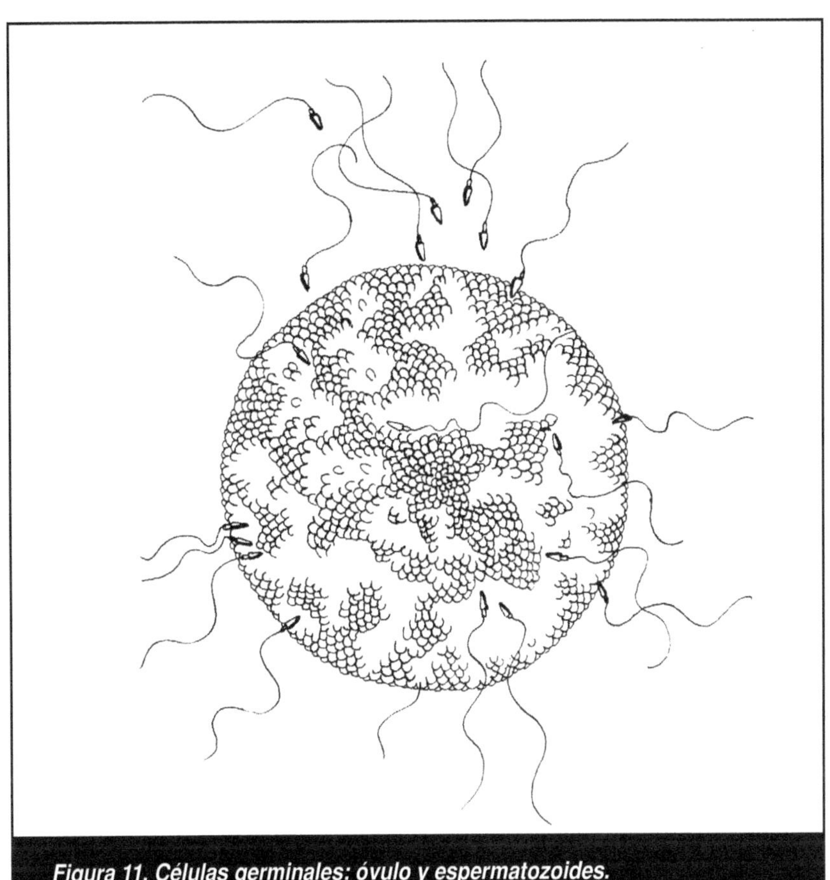

Figura 11. Células germinales: óvulo y espermatozoides.

todo un grupo de genes en un cromosoma. Los cromosomas pueden duplicarse o intercambiar información con otros cromosomas. No podemos percibir ni estar al tanto de todas las mutaciones que ocurren. Muchas, independientemente de su tamaño, seguramente deben provocar inviabilidad en los organismos que se presentan y entonces el organismo simplemente muere y con él desaparece la mutación. La mayor parte de los cambios que suceden en los ácidos nucleicos no llegan a tener efecto alguno y pasan al olvido.

Además de las mutaciones naturales, también existen las que son propiciadas por factores físicos (diversos tipos de radiaciones) y químicos (sustancias de diversa índole). Esto se ha utilizado en el estudio experimental de las mutaciones. De alguna manera, la vida está abierta al intercambio y la comunicación con el ambiente, y de este diálogo surge la posibilidad del cambio y la evolución.

Los cambios que no ocurran en el ámbito de los genes sólo aparecerán en el individuo que los presente, pero no los transmitirá. Serán relevantes para el individuo pero no para la población y menos para la evolución. Si alguien pierde un brazo, esta característica no se hereda, no está en los genes.

La evolución es un proceso que se origina en el centro más interno de un individuo, sus genes, continúa con su descendencia y se mani-fiesta plenamente en la historia de la población a la que pertenece.

Lo importante de los cambios genéticos es que pueden transmitirse por la reproducción a la descendencia y permanecer así en la población. Todo cambio genético, es decir la programación en un individuo de una instrucción que antes no estaba, puede llegar para quedarse si tiene la oportunidad de reproducirse y el efecto de hacer que su poseedor se adapte mejor al ambiente donde vive, que establezca mayor equilibrio y armonía con las condiciones ambientales en que le tocó vivir, que sea más eficaz como sistema vivo en su hábitat. Esto se llama *adaptación*.

Si la mutación, por el contrario, tiene el efecto de empeorar la relación del organismo con su ambiente, entonces conferirá menos ventaja a sus poseedores y, con ellos, tenderá a desaparecer.

La tendencia que tienen los organismos a la adaptación es la suma de la posibilidad de cambio más la posibilidad de siempre mejorar ante las condiciones permanentemente cambiantes del entorno. Esta continua inclinación, involuntaria, a satisfacer los volubles gustos del ambiente se traduce en evolución. ¿Qué significa estar adaptado?

La vida está adaptada a las circunstancias generales de nuestro planeta. La mayor parte de los seres vivos requieren oxígeno para vivir. Pero esto no fue siempre así. Antes de que existiera la vida, hace miles de millones de años, no había nada de oxígeno en la atmósfera. Las primeras formas de vida eran anaeróbicas, no requerían oxígeno.

Como resultado del metabolismo de estos seres, la atmósfera comenzó a llenarse paulatinamente de oxígeno. La gran mayoría de los seres que se desarrollaron posteriormente se adaptaron tan bien al oxígeno, que hoy representan las formas de vida predominantes: los aeróbicos. Pero los anaeróbicos no se extinguieron, se quedaron a vivir en ambientes más restringidos y contados, con mucho menor variedad en sus formas. El uso eficiente del oxígeno representa una adaptación general de la vida a las condiciones del planeta.

La vida se adapta a las circunstancias. Actualmente el planeta, como escenario general de la vida, presenta muchas circunstancias, escenografías muy diversas. Es posible encontrar gran cantidad de ambientes diferentes a lo largo, ancho, alto y profundo de la Tierra. Si pensamos en otras épocas con otras condiciones, el número de ambientes se multiplica incontablemente. Han existido formas de vida en cada uno de estos ambientes, adaptadas a sus características particulares, pero no todos los seres pueden vivir en todos los ambientes.

Existen adaptaciones un poco menos generales que no comparten todas las formas de vida. Las plantas, por ejemplo, con sus raíces toman nutrientes y se anclan a la tierra, con su tallo dan soporte vertical y distribución geométrica a las ramas y hojas, en sus hojas llevan a cabo el vital proceso de la fotosíntesis. Estas son las adaptaciones generales que las plantas comparten entre sí.

Pero además de las adaptaciones generales, los grupos más particulares de seres presentan adaptaciones cada vez más particulares y diferentes de las de otros grupos de seres.

Un pájaro carpintero comparte las adaptaciones generales que tienen todas las aves voladoras: plumas, alas, pico, garras. Pero además presenta adaptaciones especializadas a su tipo de vida y hábitos alimenticios. Como se la pasa picando maderos para conseguir alimento, cuenta con unas garras volteadas hacia adelante que le permiten asirse a los troncos con firmeza, y también con un pico poderoso y delgado con el que perfora la madera. Las plumas de su cola le ayudan a mantener estable su posición. Los músculos de su cuello y las estructuras que protegen su cabeza están adaptados al violento e incesante traqueteo que lo caracteriza. También tiene una larga lengua con la que atrapa los insectos una vez que ha horadado la madera.

Más aún, cada especie de carpinteros presenta, a su vez, características todavía más particulares que lo adaptan a su tipo específico de alimentación. Y si nos detenemos a pensar más allá, a observar con más detenimiento otros grupos de seres, descubriremos fácilmente incontables rasgos adaptativos en cada uno de ellos.

Estar adaptado significa tener estructuras y funciones que den mayor capacidad para habérselas eficazmente con las condiciones del ambiente, para contender mejor con él. Mientras más estructuras y funciones de este tipo tenga una especie, mejor adaptada estará y menos tendrá que sufrir los embates cotidianos de la naturaleza.

Con tantísimos ejemplos de adaptación que pueden mirarse alrededor, uno estaría tentado a creer que en los sistemas vivos hay una especie de voluntad que los mueve precisamente a lograr una mejoría en la adaptación. Pareciera que los seres buscan a propósito estar mejor adaptados. Pero no. De igual manera que las mutaciones ocurren al azar, sin plan determinado, las mejoras en la adaptación, que a final de cuentas se nutren en las mutaciones, también ocurren aleatoriamente, sin una meta específica.

Si no existe una intención de mutar, ni una voluntad de mejorar adaptativamente, y mucho menos de evolucionar hacia alguna dirección, entonces ¿cómo explicamos que los cambios genéticos que sufren los seres vivos permanezcan en las poblaciones, se fijen y den pauta finalmente al hecho de la evolución de las especies? ¿Cómo explicamos esa aparente tendencia a la complejidad que observamos en el catálogo de los seres vivos? La respuesta es *selección*.

La selección

A lo largo de la civilización, el ser humano ha logrado domesticar poco más de diez especies de ganado para diversos usos: reses, caballos, cerdos, cabras, borregos, etcétera. Partió de especies salvajes o silvestres a las que por medio de la fuerza impuso su voluntad. Pero no sólo logró domesticarlas sino mejorarlas, modificarlas para su beneficio. ¿Cómo lo hizo?

El método fue muy simple, y de hecho se sigue usando para mejorar todo tipo de especies animales y vegetales que el ser humano utiliza como materia prima en su provecho para resolver las incontables necesidades que le impone su civilización y su incontrolable y explosivo crecimiento. El procedimiento consiste en *seleccionar* entre una población, aquel ejemplar o ejemplares cuyas características queremos fomentar.

Las variaciones se dan primeramente en los genes del organismo (genotipo), a los que no podemos estar mirando diario a simple vista, y se manifiestan en el aspecto general externo del organismo (fenotipo), donde sí podemos apreciarlas con facilidad y entonces escogerlas.

Y aquí viene la decisión. Si descubro en mi ganado un ejemplar que presenta una característica nueva (originada por mutación aleatoria, o porque se dio una afortunada y adecuada combinación entre los dos grupos de genes de sus padres), y esa característica me resulta atrac-tiva, interesante o útil para algún propósito, entonces *selecciono* ese ejemplar y hago todo lo posible por favorecer su reproducción y, junto con la de él, la de la característica que ha llamado mi atención.

A mi ejemplar lo alimento y lo cuido de manera especial. Lo cultivo para lograr que tenga la mayor descendencia posible. E, igualmente, los descendientes de este primer ejemplar, que también presentan la característica de mi interés, serán favorecidos en su reproducción. A la larga irá aumentando paulatinamente el número de ejemplares que presentan la característica deseada.

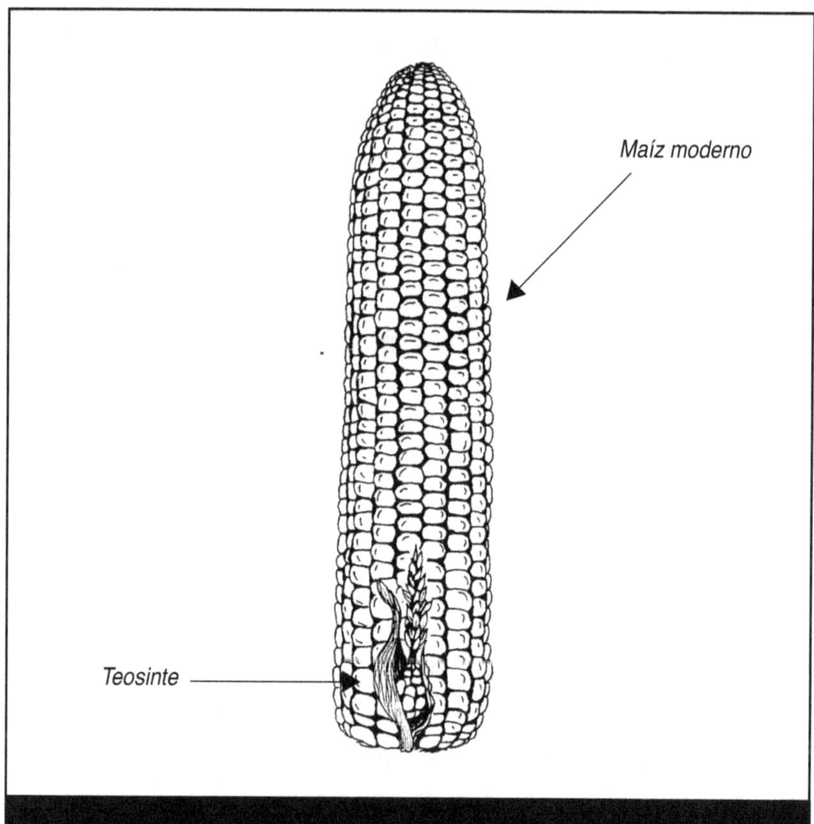

Figura 12. Esquema comparativo entre teosinte y planta de maíz moderna.

La planta de maíz, tan importante como alimento para determinadas culturas, también ha tenido una historia semejante. Las plantas de maíz silvestres que existieron hace miles de años eran, respecto de las que consumimos actualmente, muy diferentes en tamaño, constitución, ciclo de vida, color, cantidad y dimensiones de las hojas y los frutos, etcétera.

El ser humano fue paulatinamente escogiéndole al maíz las características más convenientes a sus necesidades de consumo. Uno a la vez, los rasgos seleccionados fueron fijándose y modificando las características y el aspecto original de la planta hasta tener el aspecto y variedad que presenta ahora. Tanto se modificó esta planta en su larga convivencia con el ser humano que nadie diría que son parientes si las mirara juntas. Las mutaciones estuvieron dándose espontáneamente en la planta todo el tiempo. El ser humano se limitó a mirar el aspecto de las nuevas generaciones de plantas y a *seleccionar* aquellos ejemplares cuyas características resultaban convenientes a sus intereses, es decir, aplicó sus criterios y su voluntad.

Como éstos, hay muchos ejemplos de esta transformación, modificación o *evolución* guiada por la selección artificial, practicada por el ser humano en su corto tiempo de estancia sobre el planeta. Éste no tuvo injerencia en la generación de las mutaciones y las modificaciones genéticas, ni siquiera sabía qué estaba pasando dentro de los organismos, ni tenía un mecanismo que lo explicara, sólo se limitó a escoger lo que quería.

La selección natural

Un mecanismo semejante ocurre en la naturaleza, sin la intervención del ser humano. En este caso el proceso se llama *selección natural*, y es una clave fundamental para entender la evolución. La naturaleza también selecciona, pero con otros criterios. Escoge aquellos ejemplares mutados o modificados genéticamente, cuya mutación o modificación los adapta mejor a las circunstancias del ambiente en el que viven. Por supuesto la naturaleza no piensa, por lo tanto no reflexiona en torno a cuál de los cambios mejora la adecuación del organismo. La selección natural es un fenómeno ciego.

Si la mutación propicia un cambio que mejora la capacidad del organismo para contender con su entorno, esto dará cierta ventaja a ese ejemplar sobre los demás integrantes de su población. Si de luchar por la existencia se trata, entonces el organismo transformado favorablemente contará con un mayor número de armas para lograrlo. No es que compita contra sus congéneres, simplemente contiende en la naturaleza con más ventaja que los demás. Será seleccionado. Y por las ventajas que presenta sobre los demás será favorecido en su reproducción, y por lo tanto en la repetición y copiado de la transformación genética que porta. Al paso del tiempo, los ejemplares que no porten la transformación también seguirán reproduciéndose pero con menos ventajas, tenderán a rezagarse y quizá desaparezcan como variantes.

Evidentemente, si la mutación o modificación genética provoca una menor adaptación del organismo a su medio, lo más probable es que no sea seleccionada y se diluya en el mar poblacional de su especie.

Ése es el sencillo secreto de la evolución: la capacidad inherente de la vida para transformarse genéticamente y la acción de la naturaleza para seleccionar esos cambios en el sentido de una mayor adaptación de los organismos. Pero ahí no termina el asunto, es apenas el comienzo. Consideremos que la acumulación de pequeños cambios o el surgimiento de grandes cambios hace que la especie pierda su identidad y se transforme en otra. Puede ocurrir que una parte de la población siga por el camino de la transformación y otra permanezca sin cambios. Con el tiempo, cada especie tomará su camino y estará en posibilidad de seguir siendo afectada por la transformación, evolucionando, en un proceso que, hasta donde sabemos, no se ha detenido nunca y no tendría porqué detenerse ahora o mañana.

Por eso, las especies que existieron en *los pasados* (pues son muchos los pasados) son diferentes de las que existen en el presente, y de las que existirán en *los futuros* (pues sin duda serán muchos los futuros).

Pensemos que los criterios que impone la naturaleza en cada tipo de ambiente que presenta son particulares, que los escenarios son todos diferentes, y que además cada escenario puede cambiar, pues el planeta más bien está activo, vivo. Entonces tendremos la imagen de un proceso evolutivo dinámico, permanente, presente en todo nicho donde la vida se manifieste. Un río lento y caudaloso en el que todos los seres vivos estamos atrapados, incluidos nosotros con nuestro cerebro, nuestra conciencia y nuestra innumerable serie de preguntas, pero sin poder mirar y apreciar de frente y en directo este magno y deslumbrante proceso.

¿Quién evoluciona?

Ya mencionamos que la semilla de la evolución son las modificaciones genéticas que ocurren en el archivo de instrucciones de un individuo. Pero un individuo en sí no evoluciona, no le alcanza el tiempo: los cambios genéticos y sus consecuencias sólo cobran sentido y son observables si se considera a la población a la que pertenece el individuo. El estudio de los fenómenos biológicos parte necesariamente de un enfoque en el que se desmenuzan todas las características de un individuo, pero la biología experimentó una profunda revolución conceptual cuando descubrió la naturalidad y ventajas de observar los fenómenos desde un punto de vista poblacional.

Entonces la unidad de evolución es el grupo al que pertenecen los individuos que tienen, todos, la capacidad de modificarse genéticamente. A este grupo, que puede ser de muy diversos tamaños, dependiendo de la especie de que se trate y de las circunstancias ambientales en que viva, se le conoce como *comunidad reproductiva*.

Entonces, toda comunidad reproductiva está conformada por organismos de la misma especie. Pero una comunidad reproductiva no comprende a todos los organismos de esa especie. Esto quiere decir que puede haber diferentes comunidades reproductivas de una misma especie en distintos sitios comportándose diferente en cuanto a sus procesos evolutivos. La evolución es un proceso constante. Entonces, cada comunidad reproductiva está en cada momento en su ruta específica de evolución. Un edificio en permanente construcción y modificación, cuyo proceso no termina y del que no existen planos que describan su forma final.

Lo que sí es seguro es que toda comunidad reproductiva está conformada por individuos de la misma especie. Una misma especie puede estar repartida en muchas comunidades reproductivas, y cada una de éstas puede tener un destino evolutivo diferente. Es claro entonces que, si evolución significa surgimiento de nuevas especies, una especie individual tiene la posibilidad de originar varias especies distintas.

Todos los perros domésticos del mundo pertenecen a una misma especie. Aunque existen infinidad de razas con apariencias muy diferentes, todas pueden cruzarse entre sí. De hecho no lo hacen pero la posibilidad existe. Es difícil que razas demasiado diferentes se crucen simplemente por cuestiones de tamaño. Pero las razas un poco diferentes sí pueden cruzarse. Estas oportunidades individuales de cruza, estos pequeños puentes entre las razas, forman una cadena donde cada raza ocupa un sitio específico.

A un individuo le pueden ocurrir cambios genéticos, heredables, pero no evolucionará por sí mismo. En todo caso contribuirá a la evolución de su comunidad reproductiva.

Cuando hablamos de comunidad reproductiva no nos referimos a la composición genética de un solo individuo sino a la de toda la comunidad en cuestión. Entre los individuos de una comunidad habrá una gran cantidad de genes iguales, que es lo que los hace semejantes a los individuos, pero también habrá una buena cantidad de genes que, aunque codifiquen para una misma característica, portarán una instrucción diferente. La característica puede ser, por ejemplo, el color; las diferentes instrucciones pueden ser los diferentes colores. A las distintas instrucciones posibles para un mismo gene se les conoce como *alelos*. Las diferencias que pueden observarse entre los individuos de una misma comunidad se deben precisamente a la presencia de distintos alelos para un mismo gene. En este sentido puede considerarse a la comunidad reproductiva no como un conjunto de individuos diferentes sino como un conjunto de genes con todas sus variedades de alelos. Ponemos todas las variantes en un gran contenedor para que ninguna quede fuera y le llamamos *poza genética* de esa población.

Mecanismos de la evolución

Si la evolución en general trata de los cambios genéticos que ocurren en una comunidad reproductiva, y de la modificación que en ese frag-men-to de especie producen tales cambios, entonces es necesario mirar cómo se producen los cambios en la poza genética de una población. ¿Qué factores alteran las proporciones de los distintos genes y alelos presentes en la composición genética de una población?

Para comenzar consideremos la situación en que no existen factores de modificación. Por supuesto que ésta es una situación ideal e inexistente, pues todas las poblaciones en la naturaleza están sometidas a la acción de los distintos factores. Pero necesitamos partir de aquí para luego entender cómo cada factor afecta de manera particular. Más aún, en la naturaleza estos factores actúan conjuntamente afectándose unos a otros, potenciándose, neutralizándose, equilibrándose.

En una comunidad suficientemente grande cuya reproducción sea sexual, sobre la que no actúe la mutación ni la selección, en la que todas las cruzas sean al azar, las proporciones de los distintos genes, y por ende las de sus correspondientes alelos, se mantendrán constantes. La frecuencia de cada gene, es decir la cantidad proporcional de veces que aparezca el gene en cada generación, se mantendrá constante, no habrá cambios, no habrá evolución. La población se encontrará en estado de equilibrio. El genotipo global de la comunidad se mantendrá igual. No habrá cambios en la poza genética. El aspecto general de los individuos de esa comunidad se mantendrá sin modificaciones.

La forma matemática que describe este comportamiento fue desarrollada principalmente por dos investigadores en honor a los cuales se le conoce como ley Hardy-Weinberg. Si bien las condiciones que describe son ideales, en ocasiones se encuentran casos reales que corroboran de manera práctica las consecuencias que señala la ley. Lo que nos revelan estos casos es que ahí, aunque haya mutación, selección, migración y diversos patrones de reproducción, no están teniendo efecto, o muy poco, en las frecuencias de los genes que estén estudiándose.

Cuando las frecuencias de los genes observadas directamente en una población no coinciden con las calculadas mediante el procedimiento matemático, entonces esa población está en desequilibrio. Quiere decir que alguno de los factores que comenzamos considerando como inexistentes en una comunidad reproductiva ideal (selección, mutación, migración, tipos de cruza, tamaño y estructura de la población, o una peculiar combinación de estos factores) está actuando para provocar el desequilibrio. Cabe aclarar que sin este desequilibrio no habría cambio en la estructura genética de la población y, por lo tanto, no habría evolución. Para que la haya se requieren modificaciones genéticas en los individuos que se manifiesten como alteraciones en las frecuencias de genes de la poza genética de una población

¿Cómo afecta cada uno de estos factores el equilibrio, la frecuencia de genes, en una comunidad reproductiva?

Cuando se encuentra en una población una frecuencia de genes que no va de acuerdo con lo esperado, puede sospecharse que hay algún proceso de selección, pues se está favoreciendo una reproducción diferenciada, en la que unos genotipos están teniendo más éxito que otros.

Si por ejemplo tenemos una población de bacterias en una solución acuosa y tomamos una muestra de tales bacterias y las ponemos a crecer en un medio de cultivo semisólido tipo gelatina, las bacterias crecerán saludablemente sin ningún problema y las frecuencias de sus genes serán las mismas de una generación a otra.

Pero si tomamos una muestra de esas mismas bacterias y las ponemos a crecer en un medio al que le hayamos agregado un antibiótico, por ejemplo penicilina, las bacterias no crecerán. Si llega a formarse alguna colonia será porque la bacteria que inició esa colonia portaba una modificación genética que le permitió resistir la acción de la penicilina. La penicilina sirvió de filtro para seleccionar negativamente a todas aquellas bacterias que no presentaran una modificación que les permitiera defenderse. Un acontecimiento así modifica profundamente la estructura de frecuencias genéticas de una población. Todas las bacterias no resistentes, en este caso la mayoría, casi la totalidad, desaparecen y dejan lugar para que se multipliquen y florezcan otras bacterias con por lo menos una modificación importante en su poza genética tradicional, es decir, que aquí se presenta una modificación de las frecuencias genéticas de esa comunidad reproductiva.

Al agregar penicilina al medio donde viven las bacterias, lo que hicimos fue provocar un súbito cambio en el ambiente que resultó letal para los genotipos normales.

Un cambio así de súbito se dio en Inglaterra debido a la Revolución Industrial y produjo uno de los ejemplos más famosos de selección natural con que podemos contar.

Resulta que existe un tipo de palomillas que se presentan en dos variedades de color: claras y oscuras. La variedad más favorecida en su reproducción, y más numerosa por lo mismo, es la de color claro. Su ventaja consiste en que, por ser clara, al posarse sobre los claros troncos de los árboles, pasa más fácilmente inadvertida ante el acoso de sus depredadores, las aves que se las comen. Mientras que las palomillas de color oscuro sí contrastan al posarse sobre la claridad de los troncos y entonces son capturadas con mayor facilidad. La población de oscuras está menos favorecida en su multiplicación, su lucha por la existencia es más difícil y su número se mantiene por debajo de la población de claras. Así descrita, esta comunidad reproductiva tiene una cierta estructura de frecuencias genéticas. El alelo que produce el color claro predominará sobre el que produce el color oscuro.

Pero de pronto los ingleses se pusieron a progresar. Lanzaron una marea industrializadora que requirió la construcción de miles de máquinas de todo tipo que alimentaban sus calderas insaciablemente de combustible, especialmente carbón. Por las chimeneas y escapes de estas máquinas se arrojaron incesantemente nubes de hollín que fueron a depositarse suavemente sobre los claros troncos de los árboles, y los ennegrecieron. Aunque esto no sucedió de un día para otro, sí fue lo suficientemente rápido como para tomar desprevenidas a las palomillas claras, que ahora resultaban muy visibles sobre los troncos oscurecidos. Mientras que las oscuras recibían el regalo de pasar menos advertidas a los ojos del enemigo.

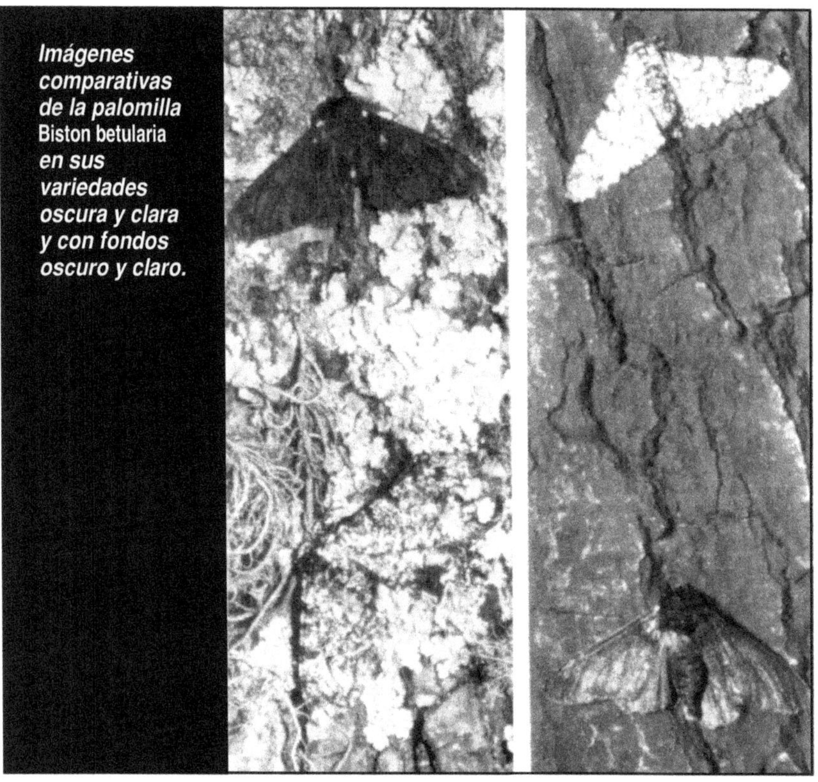

Estas condiciones favorecieron la sobrevivencia de las oscuras en perjuicio de la de las claras. La situación se había invertido. Por supuesto, la composición genética, la frecuencia de los genes de esta comunidad reproductiva, se modificó. Simplemente la frecuencia de los alelos responsables de la pigmentación oscura aumentó. La de los relacionados con la clara disminuyó. Controlado el impacto de la contaminación de la Revolución Industrial quedó una población modificada, que ha ido cambiando nuevamente y de forma muy paulatina en dirección de su condición anterior, pero sin llegar nunca a ella. Aquí la selección actuó sobre ciertas características ya presentes en la estructura genética de la población y la cambió radicalmente.

Cuando la selección no contribuye a modificar las frecuencias genéticas de una comunidad reproductiva, es decir, cuando favorece el mantenimiento de un genotipo predominante ya existente, se dice que es una selección *estabilizadora* o *normalizadora*.

Cuando, como en el caso de las palomillas, propicia la modificación de las frecuencias genéticas, y el establecimiento de otro genotipo predominante debido a las modificaciones ambientales y a la aparición de nuevas presiones selectivas, se le conoce como selección *direccional*.

Hay ocasiones en que la selección favorece la promoción no de un solo genotipo predominante, sino, por ejemplo, de dos. En este caso llamaremos a la selección *disruptiva* o *diversificadora*.

Ya mencionamos que las mutaciones son la materia prima para el cambio evolutivo. Son necesarias pero no suficientes. En general se combinan con el efecto de los otros factores que modifican la frecuencia de genes de una comunidad reproductiva. También dijimos que ocurren de manera espontánea a un ritmo constante y normal. Aquí cabe aclarar que no todos los genes mutan espontáneamente a una misma velocidad, sino que cada uno tiene su propia velocidad de mutación. Esto sin duda depende de la conformación química, de la estructura de cada gene. Aunque químicamente son muy parecidos, las pequeñas diferencias que presentan hacen que unos sean más estables que otros, y otros más frágiles y susceptibles al cambio.

Si estudiamos la trayectoria de un gene mutado por medio del análisis matemático de la ley de Hardy-Weinberg sin considerar ningún otro factor, encontraremos que el destino de la mutación, aunque sea una que confiera mucho beneficio adaptativo, será perderse, es decir no fijarse en la comunidad reproductiva, tras unas cuantas generaciones. La mutación por sí misma produce variación, pero no se fija ni propicia evolución a menos que se coordine con otros factores. Uno de estos factores, ya lo mencionamos, es la selección: la mutación que ocurra en un gene debe presentar ventaja adaptativa. Además de la selección, lo otro que puede ayudar a que una mutación se conserve es la recurren-cia o repetitividad misma de la mutación, de su obstinación, es decir, su velocidad de aparición en la naturaleza. Esto claramente significa que hay genes más recurrentes o repetitivos para cambiar que otros.

Si la mutación reporta una buena ventaja adaptativa y además es recurrente, entonces tenderá a no perderse y por lo mismo modificará las frecuencias genéticas de tal comunidad reproductiva y contribuirá, con el tiempo, al proceso evolutivo. Si no tiene mucha ventaja selectiva pero sí persistencia, la mutación reaparecerá y permanecerá con una menor frecuencia, y contribuirá mucho menos al proceso evolutivo.

Otra manera de modificar la composición genética de una comunidad reproductiva es simplemente añadiéndole genes o alelos nuevos o quitándole algunos de los que ya tenga. Esto puede lograrse con la emigración (o salida) o la inmigración (o llegada) de individuos reproductores. También hay especies cuyas células reproductoras o gametos tienen la posibilidad de recorrer grandes distancias y así propiciar el flujo de genes. El polen de las plantas y los gametos de muchas especies acuáticas son un buen ejemplo de hasta dónde pueden desplazarse los genes aunque sus portadores no sean muy dinámicos que digamos.

Otro factor que afecta el flujo de genes, y por tanto las frecuencias genéticas, dentro de una comunidad reproductiva son las costumbres o hábitos de apareamiento de los organismos en cuestión. Si hay búsqueda de pareja, si hay copulación, si hay fecundación externa, si existen apareamientos con organismos de especies relacionadas pero diferentes, etcétera.

El ambiente también es determinante para el flujo de genes ya que puede limitar o promover la movilidad de los individuos. Las barreras geográficas que impiden el desplazamiento de individuos y genes hacia otras poblaciones pueden ser de muchos tipos: montañas, desiertos, selvas, ríos, islas, corrientes en el mar, entre otros.

Las modificaciones en la composición genética de una población atribuibles a los fenómenos de flujo de genes son parecidas a los efectos de la mutación, es decir, adición o pérdida de genes. La mutación y el flujo de genes difieren en el hecho de que en la primera la pérdida de un gene implica por lo general la aparición de uno nuevo, mientras que en el segundo se añade o se quita (digamos, por migración), pero no necesariamente ambas cosas. Además, la mutación tiene una velocidad lenta pero constante, mientras que la migración de genes puede ser mucho más rápida e intermitente.

Un ejemplo muy estudiado de flujo de genes corresponde a los africanos que fueron comerciados como esclavos y llevados a Estados Unidos. En las diez generaciones que han pasado desde su llegada, los negros han modificado su composición genética en aproximadamente un 30% debido al flujo de genes provenientes de la población blanca, mucho más numerosa, que tienen en la acera de enfrente. Esto quiere decir que los negros estadounidenses de hoy día siguen pareciéndose en un 70%, genéticamente hablando, a los habitantes de los lugares (el este de África) de donde fueron secuestrados sus antepasados hace más de dos siglos.

Los diversos factores que afectan la composición de genes de una comunidad reproductiva determinada trabajan siempre en combinación. En algunos casos el efecto combinado se complementa o suma; en otros, se contrarresta o neutraliza.

Si la selección y la migración actúan complementariamente, la mutación tendrá muy poco efecto.

Si la selección es fuerte y la migración débil, puede ser que esa población se divida en subpoblaciones con ciertas diferencias. También puede presentarse un equilibrio entre alelos poco favorecidos que son eliminados por la selección, pero reintroducidos por la migración en un proceso continuo.

Un factor de gran importancia para el comportamiento de los demás factores es el tamaño de la población o comunidad reproductiva. En general se considera que una población es pequeña cuando la componen menos de cien individuos; grande, cuando son más de cien mil, e intermedia, la cantidad de individuos se ubica entre estas dos cifras.

En una población pequeña la mutación tiene poco efecto, la selección puede tenerlo o no, y la migración, si es fuerte, tendrá un efecto significativo. En una población así, por el puro azar, aumenta mucho la posibilidad de que ocurran cruzamientos entre parientes cercanos y disminuye la posibilidad de cruzamientos aleatorios. Esto hace que la posibilidad de que se presenten nuevas combinaciones de genes se reduzca, lo que a su vez disminuye el efecto de la selección. Entonces le queda sólo a la migración la posibilidad de defender a los genes deseables. Esto pone en riesgo permanente a esa población ante las circunstancias ambientales que desfavorezcan la migración.

En cambio, las poblaciones grandes tienen una mayor fuente de mutaciones, por lo que se hacen menos significativos los factores que disminuyen la importancia de la selección. Puede haber una buena migración y flujo de genes, pero de ello no dependerá la sobrevivencia de la población.

Cuando hablamos del tamaño de una población no estamos refiriéndonos a todos los individuos de una comunidad, sino solamente a aquellos que estarán en capacidad de producir descendencia la siguiente generación. Esto elimina a los viejos, a los enfermos e incapacitados, a los inmaduros e incluso a las hembras preñadas. Entonces, la población que interviene efectivamente en el trasiego de genes dentro de una comunidad reproductiva es menor al tamaño total de la comunidad, es sólo una fracción de ésta.

En términos generales, en una población pequeña son más importantes y determinantes los acontecimientos fortuitos o azarosos que los factores que conducen a los cambios adaptativos. Esto hace que los cambios que poco contribuyan a mejorar la adaptación del organismo, incluso los que de plano no sean nada adaptativos o vayan en contra de la adaptación, puedan fijarse y permanecer en la población. Una comunidad en que haya mucho cruzamiento entre parientes, es decir pequeña, puede fijar de manera rápida y profunda una variante que vaya claramente en contra de su adaptación. A esto suele llamársele *deriva genética*.

En 1770 se fundó, en tierras de Pennsylvania, una comunidad religiosa denominada Antigua Orden de los Amish. El grupo inicial era pequeño y en la actualidad llega a cerca de veinte mil. En esta comunidad se ha presentado desde su fundación un número proporcionalmente muy grande de casos de una condición genética cuya frecuencia en el resto de la población del mundo es muy rara. Esta condición genética produce una combinación de enanismo y polidactilia (es decir, dedos de más). Es muy probable que entre los miembros fundadores de esta comunidad haya habido alguno que portara el gene o los alelos responsables de la aparición de esta condición. El tamaño y aislamiento de esta comunidad reproductiva hizo que el gene se fijara y entonces apareciera más frecuentemente que en otros grupos: deriva genética.

Otro caso tiene que ver con la extraña propensión del ser humano a poner en riesgo la existencia de otros tipos de seres, o especies. A partir del siglo XIX hubo una caza masiva de elefantes marinos en las costas de Baja California y California. Fue tan certero el ataque que casi se extingue la especie: quedaron apenas unos veinte individuos. A mediados de la década de los ochenta del siglo XX, estos animales fueron puestos bajo protección internacional y su número comenzó a elevarse hasta alcanzar los treinta mil. Nuevamente tenemos el caso de una población pequeña. Aquí la deriva genética actuó en el sentido de reducir las variantes dentro de la población: hay alelos que desaparecieron y otros cuya presencia es excesiva. Todos los miembros son genéticamente muy parecidos. Son como una gran familia de parientes cercanos. Si a esto le agregamos el hecho de que los machos tienen harenes muy numerosos, se acentúa el efecto de la escasa recombinación de genes y la consecuente poca variabilidad.

La posibilidad de evolucionar se basa en la capacidad de las comunidades reproductivas de mantener la variabilidad genética, de encaminarse a la adaptación. Hemos visto que existen muchos factores que influyen en la variabilidad genética, que intervienen en la modificación de las frecuencias de genes de una población. También sabemos que estos factores pueden actuar juntos o separados, pueden complementarse o contraponerse.

Ahora requerimos saber cómo las modificaciones en la frecuencia de los genes contribuyen, propician o justifican el origen de una especie nueva, cómo es que puede surgir una poza genética nueva que dé identidad a una nueva especie, cómo puede lograrse una combinación de genes que antes no existía.

La especiación

Darwin hablaba del *origen de las especies*, es decir, de la aparición de especies nuevas, de la conformación de pozas genéticas nuevas. ¿A partir de qué o de quién? Pues de pozas genéticas anteriores, de especies previas. En la actualidad conocemos esto como especiación, y aunque Darwin mencionara la idea, no tuvo nunca los elementos para ofrecer una explicación y un mecanismo correspondiente. Estos elementos fueron acumulándose posteriormente gracias a los resultados de las investigaciones científicas en diversos ámbitos.

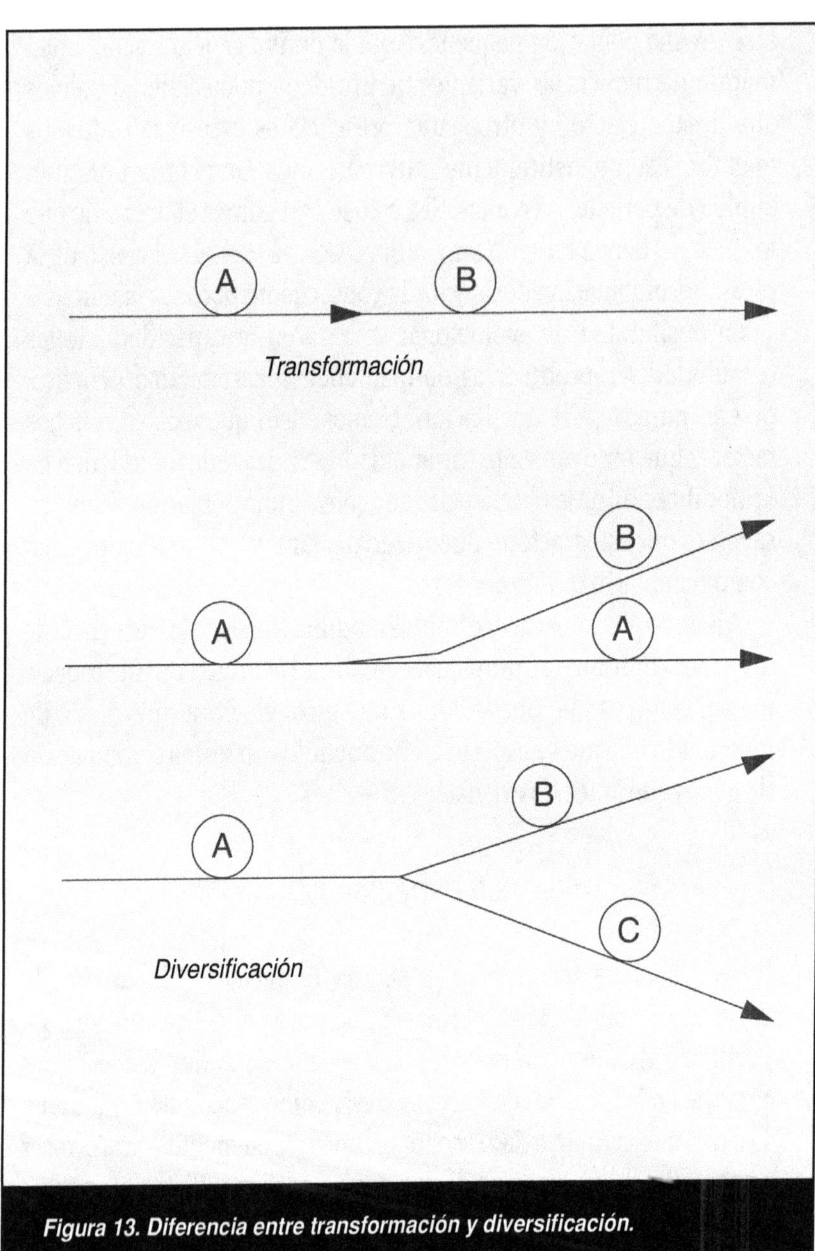

Figura 13. Diferencia entre transformación y diversificación.

Aquí podríamos pensar en dos modos generales de que una especie dé origen a otra. En un caso la especie va acumulando cambios gradual-mente y transformándose hasta que es tal la acumulación de cambios que no permitirían el cruzamiento de los individuos poseedores de la nueva poza genética con los representantes de la poza de origen. Aunque en realidad esa poza de origen ya no existe, hubo una *transformación* de la especie. De todos modos, si la especie anterior existiera, no podría producir descendencia fértil si se cruzara con los individuos de la poza nueva. Esto último ilustra precisamente el caso en que una especie no sólo desaparece al ser sustituida por su sucesora, sino que da origen a ella pero sin desaparecer, quedándose a compartir el proceso, pero no el destino evolutivo (cualquiera que éste sea), ya sin la posibilidad de cruzarse con la primera. En este caso hubo una *diversificación* de tal especie.

Del permanente enfrentamiento entre las condiciones cambiantes del medio y la tendencia a desarrollar nuevas modalidades de aprovecharlo y explotarlo, pueden surgir diversas formas de sobrevivencia en una especie, y esto posibilita la aparición de al menos dos especies ahí donde antes había sólo una. O, más precisamente, la diversificación de especies es la aparición y establecimiento de más de una comunidad reproductiva a partir de una sola.

Si la especiación se limitara a la transformación de una especie en otra, entonces el número de especies se mantendría constante. Por cada una surgida, una desaparecida. En este sentido, la diversificación explica también el incremento en el número total de especies existentes en un momento dado. De hecho, la transformación y la diversificación deben actuar simultáneamente para producir la especiación. Imaginemos el caso de una diversificación donde, además de propiciar la conformación de una nueva comunidad reproductiva, la originaria se transforma.

Aquí conviene aclarar que la especiación no es forzosa. Aunque la selección natural está presente en todo momento y afecta tanto a la transformación como a la diversificación, un ambiente estable no promoverá la especiación. Hay muchos ejemplos de organismos que se han mantenido igual por largos periodos. Los fósiles que se encuentran de ellos nos revelan que son prácticamente iguales a sus descendientes contemporáneos. Si las estables condiciones de ese ambiente cambian, se pondrá en operación la transformación y la diversificación dependiendo de las formas en que esa especie se cruza. Si son los procesos aleatorios de cruza los que predominan, entonces ocurrirá una transformación, toda la comunidad cambiará. Si no es tan azaroso el trasiego de genes en la comunidad, ésta, sin dejar de experimentar transformación, puede dar origen a subpoblaciones y diversificarse.

No hay que olvidar que las poblaciones pueden transformarse seleccionando nuevos alelos en respuesta a los cambios ambientales. Pero tampoco hay que olvidar que esos cambios ambientales pueden ser reversibles (si, por ejemplo, son de carácter estacional), y entonces habrá la posibilidad de que las modificaciones ocurridas en la poza genética de esa comunidad sean, también, reversibles. Como puede verse, los cambios genéticos que ocurren ya en la especiación pueden ser sumamente complejos y difíciles de precisar.

No obstante, podemos establecer una secuencia sencilla de etapas de la especiación. Primero, entre dos poblaciones o comunidades reproductivas separadas surgen cambios genéticos que dificultan el flujo de genes entre una y otra. Luego, esto genera barreras reproductivas cada vez más insalvables entre las dos poblaciones. Finalmente cada una toma su camino.

Ya habíamos mencionado que las modificaciones genéticas que con el tiempo conducen a la especiación pueden ser especialmente voluminosas y notables cuando ocurren en una población pequeña.

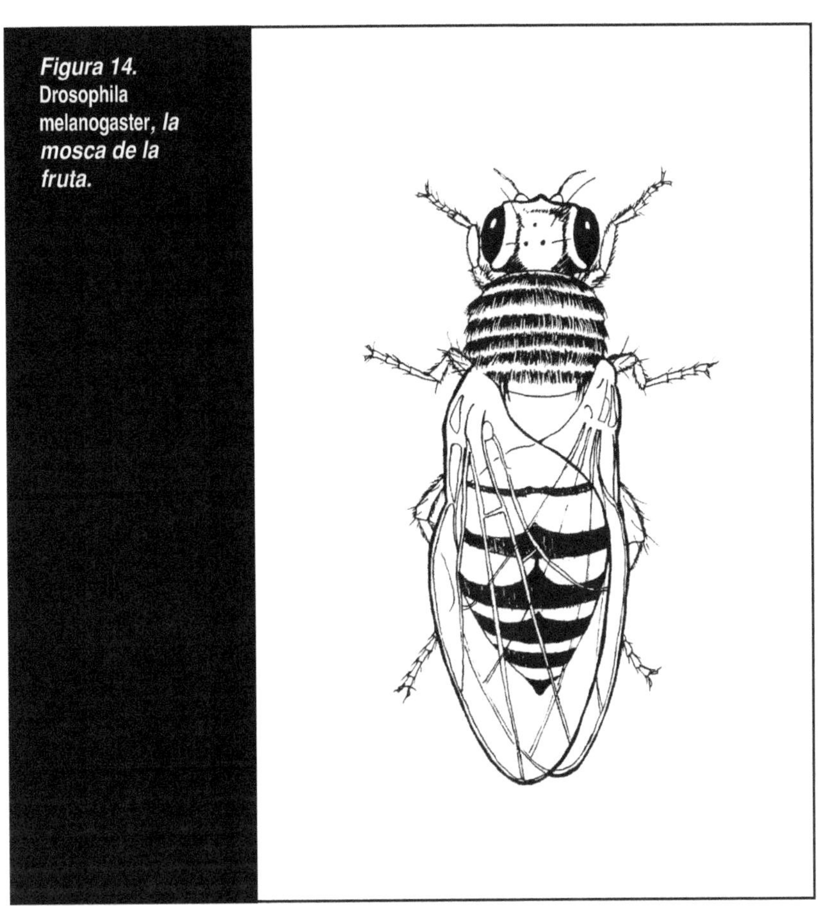

En cierta ocasión se hizo un experimento con mosquitas de la fruta para comparar en vivo el efecto en la frecuencia de los genes en una población pequeña y una grande. Al final de casi dos años de cultivar, en condiciones perfectamente controladas, colonias de estas mosquitas, partiendo de dos poblaciones, una de veinte y la otra de cuatro mil ejemplares, se encontró que la variación en la frecuencia de cierto cromosoma era el doble en las descendientes de la población pequeña que en los de la grande.

De lo anterior se puede inferir que un requisito indispensable para un proceso de especiación es la separación o distanciamiento, por lo menos entre dos grupos, de una misma comunidad reproductiva. Debe presentarse o crearse una barrera que distancie (y existen muchos tipos de distancias) a las poblaciones de una misma especie. Estas barreras generalmente son geográficas a diferentes escalas. Desde un océano o toda una cordillera hasta la preferencia alimenticia por distinto tipo de plantas. Puede haber barreras temporales, es decir que tengan que ver con la sincronía de un grupo para aparearse o criar a sus descendientes. El caso es que para que una especie comience a especiarse, a producir otras especies, debe partirse, escindirse o separarse.

Esto tendrá como consecuencia que empiece a establecerse un aislamiento reproductivo. Cada vez será más difícil que los grupos separados puedan cruzarse eficiente y exitosamente. Dado que el proceso de reproducción es muy complejo, el aislamiento reproductivo puede presentarse a diferentes niveles. Hay muchos puntos en los que puede empezar a fallar un proceso (la reproducción) que antes del aislamiento geográfico funcionaba sin contratiempos: producción de híbridos con desventajas adaptativas, incapacidad de formación de embriones normales, problemas de apareamiento, inactivación de gametos, etcétera.

En realidad, como casi todos los factores evolutivos que hemos ido mencionando, el aislamiento geográfico y el reproductivo pueden estar presentes simultáneamente, o uno después del otro. El hecho es que el aislamiento que valida la continuación del proceso de especiación es el reproductivo, cuando ya la composición genética ha cambiado lo suficiente como para impedir que las dos poblaciones separadas vuelvan a tener intercambio en el ámbito de los genes.

Y hablando de los genes, aquí tenemos que hacer tres aclaraciones que nos llevarán nuevamente a la conciencia de que el proceso es muy complejo, pero sencillamente bello en su complejidad. Una: la mayor parte de las características o rasgos fenotípicos de un organismo son poligénicas, es decir, están controladas por varios genes, no por uno solo. Dos: casi cualquier gene es pleiotrópico, es decir, interviene en la determinación de más de una característica. Tres: sabemos que el ambiente también es determinante en la expresión de los genes.

Entonces, el genotipo de un organismo, el conjunto de instruccio-nes codificadas en sus ácidos nucleicos, es un almacén de información que se expresa dependiendo también de los mismos productos que genera y de la interacción que se presenta entre tales productos. Se intuye entonces que el trabajo de los genes está interconectado, coordi-nado, es un trabajo en equipo que necesariamente revela armonía. De alguna manera la selección natural debe tender a conservar unido e integrado a este equipo de trabajo, a este genotipo. La adaptación que sea lograda por un gene particular tocará en cierto grado al equipo completo.

Una vez que las poblaciones han alcanzado cierto grado de aislamiento reproductivo, ya no pueden volver a intercambiar material genético y entonces se separan como especies. Las composiciones de sus pozas genéticas se vuelven tan diferentes que ya no se reconocen entre sí.

Todavía resta que las nuevas especies terminen por establecerse adecuadamente en el medio. Para que esto ocurra debe acentuarse el grado de aislamiento que termine por separar completamente a las especies permitiéndoles a cada una seguir su ruta. Siempre cabe la posibilidad de que los ensayos sean fallidos y que todo lo logrado se pierda o tome una ruta totalmente diferente. En este sentido, por más que hayamos ido descifrando poco a poco los detalles finos de los procesos evolutivos, el componente aleatorio o azaroso, quizá alimentado en nuestra propia ignorancia, sigue siendo determinante. Aquí vuelve a ocurrir aquello de que mientras más sabemos de algo, más nos damos cuenta de que necesitamos saber más para comprenderlo a cabalidad, porque de eso se trata, entender íntegramente cómo funcionan las cosas.

Podemos entonces resumir a grandes pasos el proceso global que lleva a la aparición de nuevas especies. Primero que nada está la posibilidad de que se modifique la información genética en el individuo. Las modificaciones individuales, que se presentan por distintas causas, pueden traducirse en modificaciones de las frecuencias de los genes de una población. Vimos que son variados los factores que intervienen en la alteración de la composición genética de una población. Estos mismos factores, actuando en unas ocasiones con más determinación y en otras con menos, según las circunstancias, van propiciando una separación genética, un aislamiento reproductivo, entre las diversas poblaciones que ya mostraban diferencias en sus pozas genéticas. La parte climática del aislamiento vendrá cuando las especies se separen completamente y se establezcan en sus respectivos ambientes. Los mismos factores seguirán actuando en distintos grados, interrelacionados e interdependientes. Esto nos hace pensar que, aunque la evolución tiene sus rasgos generales, cada caso particular de evolución tiene su ruta específica y sus detalles particulares. Esto es una manifestación más de la riqueza de la vida.

4

El mar

La evolución se manifiesta en nosotros, los seres humanos, de una manera distinta a como ocurre en los otros seres vivos, al grado de que nuestro particular proceso nos pone ahora en posibilidad de meter las manos y las tripas y los dientes en ella, la evolución.

 Pero, ¿cómo es posible que hayamos podido descifrar un proceso tan extremadamente complicado en su dinámica? ¿Cómo fue que fuimos develando los detalles con que se ha construido esta parte de nuestro saber?

¿Cómo es posible, a pesar de nuestras incapacidades sensoriales, a pesar de nuestra imposibilidad de percibir el tiempo más allá de ciertas dimensiones?

¿Cómo es posible, si nadie ha tenido la oportunidad (porque nadie ha tenido tiempo) de presenciar la evolución?

85

Descubrir la evolución, nombrarla, descifrarla ha sido un proceso pausado, acumulativo, producto de la inquietud, la reflexión y las aportaciones de muchas mentes a lo largo de quizá los últimos tres siglos. Antes de ese tiempo, la creencia y el saber general era que todas las especies que existían habían sido creadas como tales, que no tenían antecesores diferentes a ellas y que permanecerían incambiables durante los tiempos por venir.

En 1721 el filósofo francés Montesquieu escribió, a propósito del descubrimiento de lemures voladores, considerados entonces monos con alas de murciélago, que *tenía la sensación* de que las diferencias entre las especies podían aumentar o disminuir cotidianamente, y que en un principio había habido pocas especies que después se multiplicaron.

Aunque sin ofrecer ninguna explicación o mecanismo, la idea de la transformación ya estaba ahí.

La aparición ocasional de "fenómenos", o seres monstruosos, hizo pensar al matemático francés Maupertuis (1751) que la multiplicación de las especies se debía a una recombinación azarosa de partículas elementales de los organismos. La recombinación llevaba a los descendientes a divergir de sus formas ancestrales. Aceptaba la evolución y proponía un mecanismo apenas burdo.

Al observar las semejanzas entre los cuadrúpedos, otro filósofo francés, Diderot, en 1753, pensaba que había existido un prototipo común a todos ellos y que simplemente se habían formado por el alargamiento, acortamiento, modificación, multiplicación o pérdida de órganos.

George-Louis Leclerc de Buffon (1707-1788).

Entre otras aportaciones, otro francés, Buffon, advirtió el parentesco existente entre mulas y caballos y propuso que podrían tener un ancestro común.

Aquí estamos mencionando una serie de personajes clave, pero en realidad había muchas personas reflexionando al respecto. El tema estaba en el aire. Había intercambio de información y opiniones. De alguna manera el concepto de evolución se iba construyendo pedazo a pedazo.

El sueco Linneo, padre de nuestra moderna manera de clasificar a los seres vivos, aceptaba hacia 1760 la posibilidad de variación de las especies, aunque no así de los géneros.

Hacia finales de ese siglo XVIII, en 1794, el inglés Erasmus Darwin concluía que la evolución había ocurrido, y basaba sus argumentos en sus estudios de la metamorfosis de orugas en mariposas y renacuajos en

ranas. Pensaba que los organismos podían cambiar por la adquisición de nuevas partes debido a su propensión, deseo o voluntad.

Una visión semejante tenía el francés Lamarck. Aceptaba por supuesto la evolución y trataba de explicarla diciendo que los organismos presentaban una tendencia natural hacia la complejidad y la perfección y un impulso interior que movía al organismo a producir nuevos órganos para satisfacer sus necesidades. Aquí se recuerda el famoso ejemplo de las jirafas. Lamarck pensaba que los antecesores de las jirafas habían tenido un cuello corto que luego se habría alargado por la necesidad y el deseo de las jirafas de alcanzar alimentos cada vez más altos. La explicación era inadecuada. No fue ninguna forma de voluntad sino el azar. No era el deseo ni el impulso interior

de las jirafas. Más bien se habían presentado cambios genéticos al azar que se manifestaban en forma de un cuello un poco más largo. Como esto daba mayor ventaja adaptativa para obtener alimentos en un estrato vegetal más alto y menos competido, esas modificaciones azarosas se fueron seleccionando y fijando en la población de jirafas. Al paso del tiempo la característica cuello corto fue desapareciendo y la característica cuello largo fue predominando.

La palabra *evolución* fue usada por primera vez, en el sentido que le damos aquí, por Saint-Hilaire en Francia en 1831. La palabra se usó antes para referirse más bien al desarrollo embrionario.

La figura más famosa relacionada con la evolución fue el inglés Charles Darwin, nieto del Erasmus que se mencionó un poco antes. Durante una primera época de su vida, Darwin creyó en la naturaleza fija de las especies. Después hizo un largo viaje como naturalista alrededor del mundo y sus experiencias hicieron que su opinión cambiara.

*Jean Baptiste Lamarck
(1744-1829).*

*Charles Robert Darwin
(1809-1882).*

Fueron varios los hechos que le hicieron creer en la evolución:

• A lo largo de su viaje encontró en áreas continentales contiguas especies relacionadas pero diferentes.

• También halló similitud estructural entre fósiles y formas vivas localizadas en la misma área geográfica.

• Igualmente percibió semejanza entre especies localizadas en islas y en la parte continental correspondiente.

• Observó que había diferencias (debidas a los distintos modos de vida y alimentación) entre las especies de un grupo compacto de islas llamadas Galápagos.

Darwin concluyó que todos estos hechos podían explicarse sólo si se pensaba que las especies no habían sido creadas, sino que se originaban por la modificación de especies ancestrales comunes. Pero la contribución aún más importante de Darwin a la idea de la evolución fue que dio una explicación de cómo ocurría el proceso: expuso de manera amplia y general el mecanismo de selección natural que ya hemos explicado. Esto fue en 1838.

Aquí hay que señalar que Darwin se refería a la modificación de los organismos sin conocer en absoluto (porque aún no se conocía) cómo se producían las variaciones heredables, es decir, las mutaciones. Ignoraban en esa época que había ácidos nucleicos, bases, dobles cadenas, códigos genéticos, mutaciones y todo eso.

El pensamiento y las ideas científicas no son pertenencia exclusiva de nadie. Por temor al impacto que sus ideas pudieran tener sobre las creencias generales de la época, Darwin guardó silencio por veinte años después de haber llegado a sus conclusiones. En este lapso, otro inglés, Alfred Russell Wallace, también de viaje, pero por las islas del Pacífico Sur, llegó a conclusiones prácticamente idénticas. Los documentos donde estos investigadores exponían sus ideas completas fueron presentados en una misma sesión en 1858.

El conocimiento sobre el mecanismo de la herencia se desarrolló posteriormente el mismo siglo con los trabajos del monje austríaco Gregor Mendel, que estuvieron olvidados muchos años, pero que se redescubrieron a principios del siglo XX y contribuyeron a completar los detalles del esquema de explicación de la evolución por medio de la selección natural.

Estudios adicionales en otros campos durante el siglo XX han ido dando más argumentos y consistencia al hecho de la evolución. El enfoque poblacional y el profundo desarrollo de la genética de poblaciones han ido revelando los finos y complejos detalles que construyen las diversas modalidades del proceso evolutivo. Legiones de investigadores en todo el mundo han aportado estudios y resultados para completar el concepto de la evolución.

Los grandes momentos

La evolución es la historia de la vida en nuestro planeta. El punto de origen de la evolución a la que hemos estado refiriéndonos, la evolución biológica, es el origen de la vida misma. Hace unos 4,000 millones de años, la Tierra era un planeta estéril, carente de vida. Como resultado de intensos procesos físicos y químicos había en el escenario de la Tierra primitiva una variedad de compuestos químicos complejos que se habían formado precisamente en ausencia de la vida y que constituyeron la materia prima con que ésta se formó. Por mecanismos que nos resultan aún más difíciles de revelar que de los que hemos estado hablando, diversos compuestos químicos complejos se acoplaron paulatinamente hasta formar los primeros organismos vivos que denominamos *protobiontes*. Estos primeros

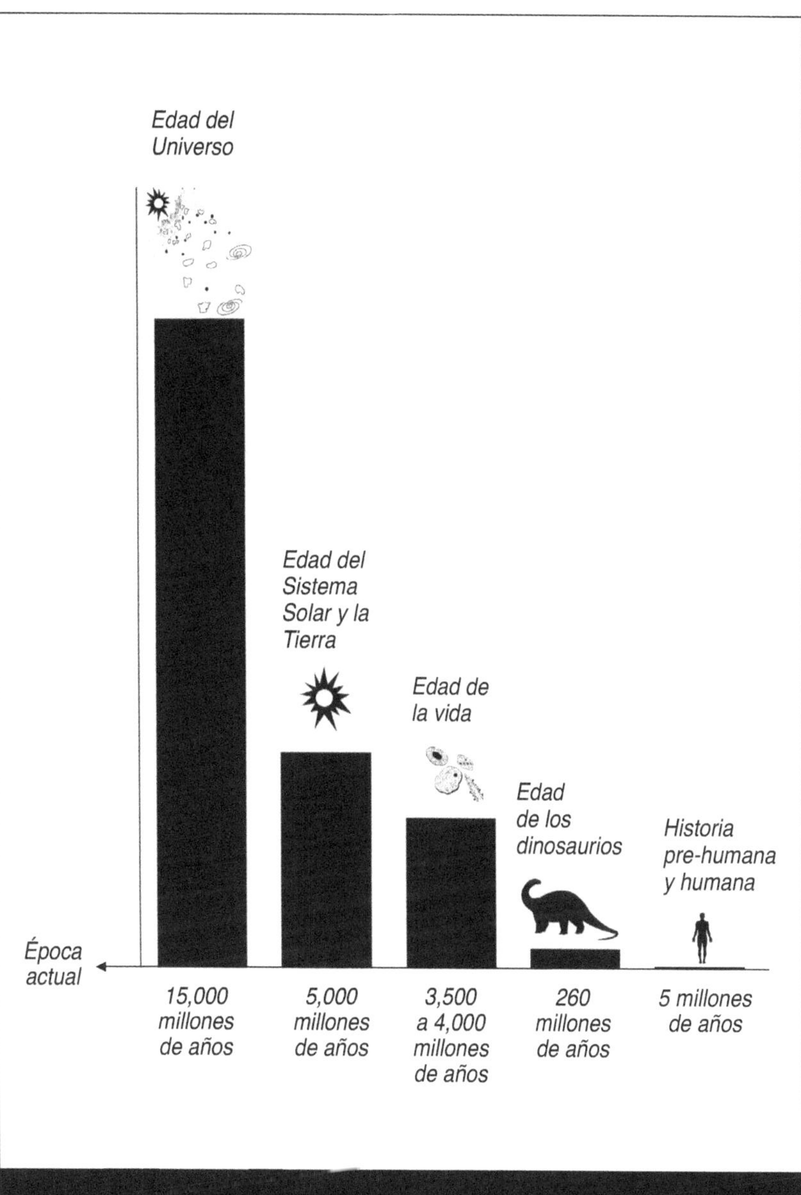

Figura 15. Algunos grandes momentos de la historia del Universo.

sistemas vivos eran muy sencillos com-parados con cualquier forma de vida que conozcamos en el presente. Si a algo se parecen quizá sea a las bacterias más sencillas que conocemos. Estos organismos sobrevivieron por largo tiempo alimentándose de lo que encontraban en el medio. La siguiente fase fue desarrollar la capacidad de fabricar sus propios alimentos, es decir, la aparición de la autotrofía. Otra etapa importante en la evolución de la vida consistió en la aparición de tipos de células más complejos, que tuvieran su material genético organizado y compartimentalizado en un núcleo. Al parecer esto pudo haberse logrado con la participación conjunta de varios tipos celulares más primitivos a través de un mecanismo de *endosimbiosis*. Esto quiere decir que algunas células se integraron con otras y cada una aportó una parte, una estructura, un componente para armar un tipo celular más complejo y capacitado para más funciones.

Los primeros seres se reproducían sencillamente mediante la duplicación de su material genético, no había intercambio de genes entre los individuos, no había reproducción sexual, y así se mantuvieron las cosas por largo tiempo. Luego vino la aparición de la reproducción sexual, es decir la posibilidad de intercambiar material genético. Esto empujó fuertemente el proceso de evolución porque ya se tenía una mayor fuente de variabilidad genética que, como dijimos, es el punto de partida del proceso.

Algunas de esas formas, todavía unicelulares, desarrollaron ciertos pigmentos, como la clorofila, que les permitirían fabricar sus propios alimentos y convertirse, a su vez, en alimentos de otros organismos que no podían fabricarlos. Estas células con pigmentos constituirían la raíz de todo lo que posteriormente serían las plantas verdes. Los organismos unicelulares se agruparían para formar complejos conjuntos de organismos multicelulares donde las funciones podían repartirse y coordinarse con mayor eficiencia. Todo hasta ese momento había ocurrido en el agua. Los primitivos organismos multicelulares, ya diferenciados como plantas y animales, irían poco a poco saliendo de los mares y colonizando la tierra firme. Cada una de las nuevas circunstancias impulsaba con más fuerza los procesos evolutivos con la consecuente aparición de muchos tipos de nuevas especies. Surgirían los vertebrados representados principalmente por los reptiles, que alcanzarían su auge en la época de los dinosaurios. Al extinguirse éstos, hace unos sesenta millones de años, dejaron el paso libre a la explosiva radiación de las aves y principalmente de los mamíferos.

Hace aproximadamente unos cinco millones de años, apenas una milésima parte de la edad de la Tierra, los mamíferos experimentaron desarrollos que iniciaron una línea evolutiva que conduciría al surgimiento de los hombres y mujeres modernos, del *Homo sapiens*, de los seres humanos.

El ser humano

No descendemos de los monos. No son nuestros antepasados, no son nuestros abuelos. En todo caso son nuestros primos. Esto quiere decir que ellos, los monos (chimpancés, orangutanes, gorilas), y nosotros (los seres humanos de todas las razas) tenemos ancestros comunes, compartimos a los mismos abuelos.

Una característica esencial del ADN es que podemos estudiarlo y compararlo entre las distintas especies de seres. Esto nos revela al mismo tiempo qué tan separadas genéticamente se encuentran tales especies y cuánto hace que no eran diferentes y, por lo mismo, cuándo comenzaron a separarse como pozas genéticas. Al comparar el ADN de los chimpancés, nuestros parientes más cercanos, con el nuestro, encontramos profundas semejanzas y las diferencias nos permiten calcular que hace entre cuatro y seis millones de años se separaron las líneas que darían origen, por un lado, a los monos modernos y, por otro, a los ho-mínidos que constituirían, ellos sí, la familia de nuestros antepasados directos. Ese cálculo teórico requiere evidencias. Poco a poco e ininterrumpidamente han ido hallándose restos fósiles que sin ser iguales a nosotros, son diferentes de los de los monos, y que revelan cómo las características que nos hacen humanos fueron acumulándose paulatinamente. Una de las características básicas es la posición erguida o bipedalismo. Quizá ésta se seleccionó como ventaja adaptativa debido a un cambio climático que transformó las selvas africanas en llanuras abiertas. Y decimos africanas porque es ahí donde se han encontrado los restos más antiguos que ya revelan la posición erguida. Estos restos, de poco más de cuatro millones de años, no satisfacen plenamente el cálculo teórico de la época de separación de nosotros y los monos, pero los investigadores siguen buscando esas piezas faltantes del rompecabezas. De hecho, también faltan piezas en la secuencia posterior de desarrollo de los homínidos. Entre las ventajas que confirió el bipedalismo se encuentran una mejor visión para defenderse y cazar, una mejor regulación de la temperatura corporal y la posibilidad de utilizar las manos ya no para desplazarse sino para efectuar muchas otras actividades.

Otra característica fundamental en la conformación de los seres humanos fue la capacidad para fabricar herramientas que le facilitaran las tareas cotidianas. Se han encontrado restos de homínidos, también en África, y junto a ellos evidencias de que utilizaron algún tipo de herramientas primitivas para cortar sus alimentos o romper los huesos de los animales que cazaban para extraerles los elementos nutritivos. Estos restos datan de unos dos y medio millones de años. Quizá antes de este tiempo, los homínidos no consumían carne. El uso de herramientas reportó una enorme ventaja sobre las demás especies y dio oportunidad a una nueva dieta, altamente rica y nutritiva que, a su vez, propició el comienzo del explosivo desarrollo del cerebro con todas sus profundas implicaciones.

Por supuesto que no se tienen todos los eslabones de la secuencia que llega hasta la conformación del ser humano moderno. Faltan muchas piezas, pero sabemos que hace poco menos de dos millones de años nuestros antecesores lograron emigrar de África a Europa y Asia iniciando la lenta pero continua invasión de todo el planeta. En el camino su cerebro iba adquiriendo las habilidades que nos convertirían en la especie con la mayor presencia y poder en el planeta. La línea que podemos considerar más directa rumbo a la formación de nuestra especie surgió hace alrededor de unos doscientos mil años. En esa época compartíamos el planeta con otra especie muy cercana pero al fin diferente, los neandertales. Al parecer convivimos con ellos por muchos miles de años pero, de pronto, hace unos treinta mil años, se extinguieron... y nos quedamos solos. Somos una especie literalmente *única en su género*. Para nuestra comunidad reproductiva ha perdido completamente sentido la idea de aislamiento geográfico o reproductivo. La evolución se manifiesta en nosotros de una manera distinta, al grado de que nuestro particular proceso nos pone ahora en posibilidad de meter las manos y las tripas y los dientes en un fenómeno, la evolución, tan increíblemente complejo y poderoso que hubo una época, la mayor parte de nuestra estancia en el mundo, que ni siquiera nos percatamos de su existencia.

El ser humano hoy

De todos los seres vivos que conocemos, de todos aquellos otros que no conocimos pero que sabemos que existieron, es decir, de todos los sistemas vivos que han estado sujetos a la evolución, de todas las especies que han pasado por el planeta, sólo nosotros, la especie humana, tenemos la capacidad de plantear preguntas e intentar respuestas.

La necesidad instintiva de saber, conocer, interpretar y descifrar el mundo es una manifestación de la estructura y función de nuestra

mente. Si no existiera nuestra mente no habría ocasión a la duda o el deseo de saber. Tampoco existirían todas las obras artísticas que nuestras emociones han creado ni las montañas de saber que nuestra inquietud ha levantado.

La mente es una mezcla compleja de funciones interconectadas que se asientan en la parte más alta de nuestro organismo. Dentro de un claustro de duro hueso, el cráneo, está la sede del órgano donde se localizan todas las funciones mentales, el órgano más importante y complejo que ha surgido como resultado del proceso evolutivo: el cerebro.

Se dice que, como especie, el ser humano es excepcional, algo así como una excepción que confirma las reglas que todas las demás especies cumplen cabalmente.

Hasta donde sabemos, los dinosaurios, con todo y su largo reinado en el planeta, fueron siempre dinosaurios, es decir, no aprendieron a ser otra cosa que dinosaurios. Lo mismo podemos decir de los tigres: siempre han vivido del mismo modo, comido lo mismo y transcurrido sus días con sus mismas actividades. Nosotros no.

La diferencia la ha dictado el cerebro. En su relativamente corta historia sobre la Tierra, el ser humano ha mantenido su identidad como especie biológica. Los primeros seres humanos eran biológicamente iguales a nosotros. No obstante, desde entonces las cosas han cambiado mucho. Más bien, *hemos* cambiado mucho las cosas. La conciencia, la razón, el pensamiento, las inteligencias, han sido usadas por los seres humanos de todas las épocas para modificar su entorno, su ambiente, para modificar su propia capacidad de percepción y respuesta al medio.

No hemos podido evolucionar biológicamente en nuestro corto tiempo de estancia, no hemos podido modificar la estructura y función de nuestro organismo de manera notoria o relevante. Pero hemos evolucionado a otro nivel.

Por medio de nuestras funciones mentales, hemos logrado *adaptar- nos* al medio como ninguna otra especie. Y no nos hemos adaptado a un solo ambiente, sino a muchos, casi a todos los posibles: la tierra, el

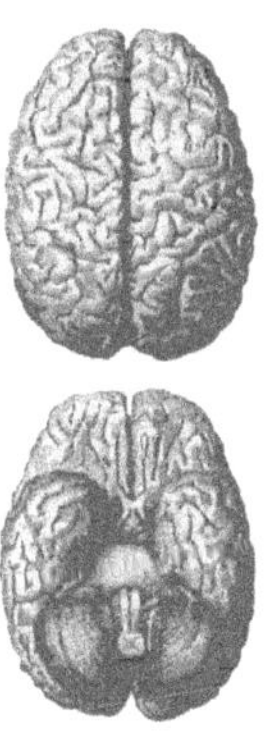

aire, el mar, el frío extremo, el espacio exterior. A esta mejoría en la adaptación no podemos llamarla evolución biológica pues no implica modificación de estructuras o funciones, no implica alteración de los genes y transmisión de información nueva a la descendencia.

Si un ser humano crece totalmente desprovisto de la interacción, la enseñanza y la instrucción que ya han recibido otros seres humanos, no tendrá la oportunidad de que le sea transmitida esa información no genética acumulada por sus congéneres a lo largo de su historia, y permanecerá en un estado humano básico y primitivo.

Entonces los seres humanos, por compartir todo lo que compartimos con los demás seres vivos, estamos al igual que ellos sujetos a la evolución biológica. Pero a causa de la evolución biológica hemos desarrollado un órgano, el cerebro, cuyas funciones nos han permitido otro tipo de evolución, exclusiva de nosotros y más impactante, espectacular y claramente visible a nuestros ojos: la evolución cultural.

La evolución cultural ha sido posible porque, debido a la evolución biológica, el cerebro de nuestros antepasados fue ganando complejidad y dio a su dueño nuevas capacidades y habilidades: usar símbolos para comunicarse con los demás; crear tecnologías para modificar el entorno; recordar, sintetizar y evaluar los sucesos del pasado; imaginar situaciones, pensar alternativas, optar por un destino. Estas capacidades permitieron a los nuevos seres realizar otras actividades: comunicarse y ponerse de acuerdo para cazar; instruir y entrenar a los pequeños en diversas técnicas simples, es decir, educarlos; estar más alerta para defenderse como grupo; incrementar el tamaño del grupo. Esta posibilidad de transmitir la información a las nuevas generaciones retroalimentó y potenció aún más el proceso de evolución cultural.

En la evolución cultural también está presente un proceso de selección, pero no es la selección natural que el medio efectúa ciegamente sobre las nuevas informaciones genéticas que se producen por mutación en una población. En este caso el proceso se parece más a la selección artificial de características arbitrarias que hace el ser humano para mejorar especies animales y vegetales destinadas a su consumo.

En la evolución cultural, el agente que selecciona es el ser humano y lo hace con sus criterios personales, generalmente adecuados a las condiciones de cada época. La información en el caso de la evolución cultural se transmite a través no del código genético sino de los objetos que produce el ingenio humano: libros, pinturas, esculturas, grabaciones magnéticas y electrónicas de todo tipo, etcétera.

¿En qué se nos nota la evolución cultural? No obstante horas de gimnasio, sudores y sobrecargas, no logramos ser mucho más fuertes de lo que somos, pero sí hemos inventado extensiones de nuestro cuerpo, máquinas que nos permiten prodigiosas muestras de fuerza.

No nos tocó estar en la fila donde la naturaleza repartió alas, pero hemos hallado la forma de volar más rápido y alto que cualquier ser alado.

No nos movemos más rápido que un chita, un caballo o un perro, a menos que lo hagamos montados en el automóvil más convencional que existe.

No estamos físicamente diseñados para nadar, pero sin miedo nos arrojamos a ríos, lagos y mares equipados de pulmones de acero, aletas y visores para convivir, aunque sea momentáneamente, con los habitantes de las aguas.

No podríamos vivir en lugares muy fríos o muy calientes, pero ahí vivimos. Aprendimos a usar todo tipo de vestimentas y materiales para protegernos del frío y el calor. Además creamos espacios y formas de controlar artificialmente el clima en lugares cerrados.

Nuestra vista es corta y débil, pero fabricamos telescopios para llevar a nuestros ojos hasta inimaginables abismos de distancia y tiempo. Con microscopios hemos descubierto mundos vastísimos que permanecieron ocultos por miles de años. Con cámaras infrarrojas podemos hundirnos en la oscuridad de la noche y descubrir y apreciar lo que ahí se esconde.

Nuestro cerebro es la forma más compleja que ha alcanzado el sistema nervioso en la naturaleza. Con muchas especies compartimos el mismo tipo de tejido que constituye el sistema nervioso: las neuronas. En otras especies, la organización del tejido neuronal, la red de neuronas, no ha alcanzado la compleja estructura con que nosotros contamos. Es tan compleja y poderosa que hasta nos ha dado la oportunidad de extenderla más allá de los límites de nuestro organismo individual. Hemos llevado nuestro sistema nervioso más allá de las fronteras de nuestro cuerpo. La electrónica con todas sus aplicaciones reales y potenciales es este sistema nervioso extendido que amplifica nuestras funciones y capacidades.

Biológicamente, como individuos estamos aislados unos de otros, nos comunicamos y estamos muy próximos, pero nuestras conciencias no se tocan, están perfectamente separadas. Nadie sabe en realidad lo que piensa el otro, nadie utiliza la cabeza de otro para elaborar sus propios experimentos.

El sistema nervioso extendido, y cada vez más refinado por el incesante desarrollo y uso de tecnologías de comunicación y computación, nos aproxima al ideal del intercambio de información y experiencias instantáneo y eficaz.

Como no podemos amarrar nuestras neuronas directamente con las de alguien más, entonces inventamos la electrónica como puente de contacto.

Si queremos que alguien distante nos escuche levantamos el auricular y convertimos nuestra voz en señales electrónicas que pueden viajar hasta el oído de nuestro interlocutor. Si éste quiere oírnos requiere llevar la bocina cerca de su oído para que su tímpano reciba las vibraciones reconvertidas que venían viajando como señales eléctricas.

Si queremos recordar muchos datos importantes, digitalizamos la información y la guardamos en pequeños almacenes ubicados fuera de nuestro organismo. Y podemos consultar esa información en el momento que queramos. Es más, podemos ingresar a todo tipo de memorias que otros hayan almacenado para hacer usos de esa información.

Si queremos que nos miren, sin importar el tiempo o la distancia que nos separe de quien nos observe, entonces ponemos ante nuestro rostro una cámara de video, extensión del ojo del observador, y grabamos esa imagen en una cinta o simplemente la transmitimos en vivo a la distancia que sea necesaria.

Cuando escuchamos nuestra música favorita, estamos dejando que la emotividad (convertida en arte) de una persona o un grupo de personas llegue hasta nuestros núcleos sensibles a través de una serie de cambios de lenguaje.

Lo primero que tuvo que pasar fue que el artista transformar a su experiencia interior (una serie de fenómenos mentales, es decir ocurridos en el seno del sistema nervioso), para convertirla en música, un lenguaje que puede ser escrito. A través de máquinas electrónicas el lenguaje sonoro puede ser convertido en señales digitales y grabado con el nivel de perfección técnica que se desee. Esta información puede ser almacenada en pequeños paquetes portátiles que se vendan a quien así lo desee. Puestos estos paquetes en otras máquinas, también imaginadas e ideadas primero que nada en el cerebro, el lenguaje cifrado y oculto de las emociones de una persona puede entonces llegar hasta nosotros y aproximarnos, sólo aproximarnos, al estado anímico que propició la manifestación de tal expresión artística.

Todo esto lo permite ese entramado electrónico que lentamente invade todo, como si nuestros sistemas nerviosos individuales tendieran a ponerse en contacto para compartir diversas funciones intelectuales y de comunicación con cada vez mayor número de seres.

La ciencia

Quizá el producto más importante de la evolución cultural que hemos elaborado es ese lenguaje de interpretación de la naturaleza que denominamos ciencia. Nos ha permitido descifrar infinidad de misterios que, a fin de cuentas, nos han hecho más placentera la existencia. Las aplicaciones de la ciencia se notan hacia cualquier parte que miremos.

Es tan aguda y poderosa esta forma de construir conocimiento, que gracias a ella hemos podido develar el proceso de la evolución. Sin esa mirada inquieta, sin ese pensamiento penetrante que da la actitud científica, difícilmente hubiéramos detectado un fenómeno tan elusivo y complejo, tan oculto, quieto y silencioso.

Pero la ciencia, el pensar científico, el pensar, la mente, el cerebro nos ha dado mucho más. Ahora estamos en posibilidad de ir hasta el centro de la vida, hasta el núcleo de las células donde se encuentran localizados los ácidos nucleicos. Es como si hubiéramos encontrado la llave del archivo y pudiéramos entrar en él. Pero además de simplemente poder entrar, lo podemos leer. Tenemos las herramientas para revisar cada página de este archivo y averiguar sus instrucciones.

Con las herramientas de la ingeniería genética somos capaces ahora de establecer la secuencia, el orden de las bases de cualquier trozo de ADN que se nos presente. También podemos saber para qué características codifican estas secuencias de bases.

Grupos de investigadores en todo el mundo van poco a poco estableciendo secuencias de nucleótidos aquí y allá. Paulatina, irremediablemente, nos iremos enterando del contenido de los archivos de muchas especies.

En unos pocos años sabremos la ubicación y efecto de todos los genes que conforman el genoma del ser humano: alrededor de cien mil genes. No hay que olvidar que el tamaño de los genes es variable y puede ir de unas cuantas bases hasta miles de ellas.

Y, puesto que todos los seres vivos compartimos semejante mecanismo hereditario e igual código genético, la posibilidad real es que algún día lleguemos a conocer extensivamente las instrucciones que se siguen para construir a la mayor parte de las especies.

Pero además de saber las secuencias de bases y averiguar en qué rasgos específicos se traducen, podemos modificarlas. Una vez que hemos abierto y averiguado el orden del archivo, podemos sacar hojas, cambiar las instrucciones, borrarlas, cambiarlas de lugar, reinsertarlas en el mismo sitio, llevarlas a otro archivo diferente o traer hojas de otro archivo e integrarlas al que nos interesa.

Podemos imaginar las secuencias de genes como si se tratara de rollos de película de cine: cada especie es una distinta. Simplificando el esquema, cada cuadro individual de la película sería un gene. Y como con el proceso de edición de éstas, lo que ha logrado la ciencia es poder cortar cada cuadro individualmente y manipularlo: alterar el cuadro o retocarlo, cambiarlo de sitio dentro de la misma película, trasplantarlo a otra, sacar muchas copias de ese cuadro e insertarlo en diferentes películas, traer un cuadro o muchos de otra película e incorporarlos a la de nuestro interés.

Hasta hace unos pocos años, la información genética en la naturaleza fluía exclusivamente de manera vertical, de ascendientes a descendientes. Los avances científicos de las últimas décadas han puesto en nuestras manos el poder de hacerla fluir en todas direcciones, incluso horizontalmente, de especie a especie. Esto fue un sueño durante mucho tiempo, ahora se ha cumplido.

Las posibles aplicaciones de todos estos desarrollos, que día a día mejoran, alcanzan todos los campos: alimentación, cuidado del ambiente, cura de enfermedades, conocimiento mismo de la vida y un larguísimo etcétera que permanece abierto a la espera de las propuestas que se planteen.

Aunque regido sin duda por los dictados de la evolución biológica, el ser humano ha escapado a su ritmo deslizándose por el vértigo de la evolución cultural. Y, así, ha llegado hasta la manipulación genética. Y, siendo ésta una alteración de la información hereditaria, es como si se nos hubiera permitido meter las manos en la evolución.

La génesis, el establecimiento y el desarrollo del concepto de evolución es uno de los logros más brillantes del pensamiento humano.

Queda por conocer cómo funciona exactamente nuestro pensamiento, cómo, con su incesante golpeteo, logra quebrar la más dura y preciosa piedra que nos haya obsequiado el Universo.

Glosario

ADN. Ácido desoxirribonucleico. Macromolécula formada por subunidades llamadas nucleótidos. En el orden en el que se encuentran acomodados los nucleótidos se encuentra codificada toda la información que sirve para estructurar y hacer funcionar a un ser vivo.

Alelos. Son las diversas versiones en que puede presentarse un gene que codifica para una característica específica. Si la característica específica es el color, por ejemplo, entonces las diversas versiones serán las distintas variedades.

Aminoácido. Subunidad química con que se construyen las proteínas. Existen veinte aminoácidos de cuya combinación se forman todas las proteínas presentes en los seres vivos. Reciben el nombre de aminoácidos porque en un extremo de su estructura presentan un grupo amino (NH_2) y en el otro un grupo ácido (COOH).

Bióxido de carbono. Molécula formada por dos átomos de oxígeno y un átomo de carbono (CO_2). Interviene en la composición atmosférica. Es un producto de desecho de la respiración aerobia de los seres vivos y es materia prima para que las plantas elaboren sus propios alimentos.

Célula procariótica. Estructura celular sencilla que carece de núcleo y organelos. En ella el material genético se encuentra libre en el citoplasma. Las bacterias son los ejemplos representativos.

Célula eucariótica. Tipo celular de mayor tamaño y complejidad. Presenta núcleo y varios organelos intracitoplasmáticos. La gran mayoría de los organismos que nos son cotidianamente familiares están formados por células eucarióticas, nosotros incluidos.

Clorofila. Compuesto químico que da el color verde a las plantas. Tiene la propiedad de transformar y almacenar la energía luminosa del Sol para ser utilizada en la síntesis de nutrientes a partir de compuestos sencillos.

Cromosoma. Estructura en la que se agrupan ordenadamente una gran cantidad de genes. Cada especie tiene un número diferente y definido de cromosomas.

Fusión nuclear. Por este fenómeno los núcleos de dos células se funden uno con otro y entremezclan y recombinan su material genético.

Genotipo. Información contenida en las secuencias de genes de un organismo específico.

Fenotipo. Aspecto, características y comportamiento global que presenta un organismo como resultado de la expresión de la información contenida en sus genes.

Procesos simbióticos. Conjunto de fenómenos por los cuales dos o más organismos comparten sus actividades vitales dando lugar a sistemas más complejos.

Lecturas recomendadas

1. Artis, M., Casanueva, M. y Chávez, Nemesio, *Homenaje a Oparin*, UAM-Ed. Contraste, México, 1986.
2. Curtis, Helena y Barnes, N. Suc, *Biología*, Editorial Médica Panamericana, Buenos Aires, 1994.
3. Enciclopedia Británica.
4. Hanson, E.D., *Understanding Evolution*, Oxford University Press, Nueva York, 1981.
5. Piñero, Daniel, *De las bacterias al hombre: la evolución*, Fondo de Cultura Económica, México, 1987.
6. Sarukhán, José, *Las musas de Darwin*, Fondo de Cultura Económica, México, 1998.
7. Schwoerbel, Wolfgang, *Evolución*, Salvat Editores, Barcelona, 1986.